KB053011

세상에서
가장 재미있는
과학지도

06 강력추천 세계 교양 지도 06

세상에서 가장 재미있는 과학지도

SILICA-GEL

배정진 지음
전국과학교사모임 회장 · 정성헌 추천

북스토리

과학이라는 말만 들으면 왠지 실험기구들로 가득한 실험실, 혹은 칠판에 빼곡히 적힌 골치 아픈 과학 공식들을 떠올리곤 합니다. 그렇다면 과학은 교실이나 실험실에서만 존재하는 걸까요? 결코 아닙니다. 복잡한 과학 공식을 모르는 사람도 일상생활 속에서 과학의 원리를 이용합니다. 지렛대의 원리를 몰라도 병따개를 사용해 시원한 콜라를 마시고, 관성의 법칙을 몰라도 버스에 타면 넘어지지 않으려고 손잡이를 꼭 잡지요. 손에 땀을 쥐게 하는 롤러코스터에도, 김연아의 멋진 피겨스케이트 경기에도 과학은 숨어 있습니다. 아니, 이 세상은 과학으로 이루어졌다 해도 과언이 아닙니다. 우리가 보고 듣고 느끼는 신기하고 재미있는 현상들은 거의 과학으로 설명할 수 있습니다.

그런데 이처럼 재미있고 흥미로운 과학을 어렵고 딱딱한 교과서로만 배워야 한다고 생각하니 안타까울 따름입니다. 시험 때문에 무조건 외워야 하는 그런 학문이 아니라, 생활과 밀접한 관련이 있는 생생한 이야기로 과학을 배울 수 있다면 참 좋을 텐데 말입니다.

이번에 추천하는『세상에서 가장 재미있는 과학지도』는 저와 같은 아쉬움을 가진 분들에게 반가운 책이 되리라 생각합니다. 복잡한 공식이나 실험 결과로 과학을 설명하는 대신 일상생활에서 접해왔던 익숙한 현상 속에 감추어진 과학 원리를 밝힘으로써 자연스럽게 과학적 사고력을 길러주기 때문이죠. 교과서에서는 단순한 설명으로 그친 부분을 이 책에서는 실생활과 밀접한 예를 제시함으로써 과학 원리를 한층 쉽게 이해할 수 있도록 했습니다.

과학은 정말 재미있는 과목입니다. 그뿐 아니라 식량난, 자원 고갈, 환경오염, 지구온난화 등 인류가 처한 여러 가지 어려움을 해결할 수 있는 아주 중요한 학문이기도 합니다. 자라나는 우리 청소년들이 과학에 흥미를 가지고 좀 더 재미있게 공부할 수 있다면 우리의 미래는 훨씬 밝아질 것입니다.

정성헌

전국과학교사모임 회장

다른 종과의 경쟁에서 살아남기 위해 도구를 이용하면서 우리 인간은 과학과 만나게 되었습니다. 그리고 오늘날, 우리는 과학의 세계 속에 살고 있다고 해도 과언이 아닙니다. 매일 접하는 TV나 컴퓨터는 물론이고, 밥을 먹고 잠을 자는 것도 과학의 도움을 받고 있습니다. 어느 하나 과학과 연관되지 않은 것이 없을 정도입니다. 그런데 과학은 단순히 생활의 편리함만을 도모하지 않습니다.

옛날 옛적, 숲 속에는 도깨비들이 살았습니다. 밤만 되면 도깨비들은 도깨비불을 밝히며 여기저기를 뛰노는가 하면, 길을 지나는 사람들에게 짓궂은 장난을 걸어오기도 했습니다. 그러나 이제 더 이상 숲 속에는 도깨비들이 살지 않습니다. 도깨비불이 도깨비들이 내는 불빛이 아니라는 사실이 과학적으로 밝혀졌기 때문입니다. 사람들이 더 이상 태양을 숭배의 대상으로 여기지지 않고, 별자리의 전설을 믿지 않는 것도 마찬가지의 이치입니다. 심지어 마법과 요술의 세계를 꿈꾸던 아이들도 이제는 과학적 사고를 바탕으로 상상의 나래를 펼치기 시작했습니다. 마녀의 요술 빗자루 대신 변신 로봇을 타고 하늘을 나는 꿈을 꾸게 된 것입니다. 이제 과학은 유용함의 도구를 넘어 세상을 바라보는 틀의 역할을 하고 있습니다. 그리고 과학을 알지 못하면 더 이상 이 세상을 살 수 없게 되었습니다.

이 책에서는 초등학교에서 중학교까지, 과학 교과에서 다루는 물리, 화학, 생물, 지구과학의 내용을 담고 있습니다. 또한 교과서에서 미처 다루지 못하는 과학상식과 생활 속의 궁금증, 그리고 신비롭고 흥미로운 과학 이야기도 함께 다루고 있습니다. 과학의 영역은 그 한계를 헤아리기 힘들 정도로 무한합니다. 그리고 한 권의 책 속에 과학의 모든 내용을 담을 수는 없습니다. 다만 이 책을 읽는다면, 교과 학습에 필요한 과학의 전반적인 기초를 마련하고 과학에 대한 흥미를 갖게 될 것입니다. 아무쪼록 이 책이 미래로 나아가는 작은 징검다리의 역할을 했으면 하는 바람입니다.

contents

뿡

CHAPTER **3**
생생하게 살아 숨 쉬는 생물 지도

CHAPTER 4
두루두루 어울려 살아가는 지구과학 지도

CHAPTER 5
한 수 더 배우는 알쏭달쏭 과학상식 지도

CHAPTER 6
생활 속에 숨어 있는 과학 원리 지도

CHAPTER 7
미래로 가는 과학 지도

CHAPTER 1
뚝딱뚝딱 기초가 되는 물리 지도

우주인들은 아무런 일도 하지 않는다?

어떤 사람이 밤늦게까지 컴퓨터 앞에서 열심히 일을 하고 있다. 아마도 매우 중요한 일을 하고 있는 듯하다. 하지만 물리학의 기준으로 보면 이 사람이 하고 있는 일이라고는 키보드를 두드리고 마우스를 움직이는 것이 고작이다.

물리학에서 일이란, 물체를 얼마의 힘을 들여 얼마만큼을 이동시켰느냐에 따라 정해진다. 이때 힘을 주는 방향과 물체를 이동시키는 방향은 서로 같아야 한다. 예를 들어, 역도 선수가 200kg의 역기를 바닥에서 머리 위로 2m 들어 올렸다면 그 사람은 200kg×2m만큼의 일을 한 셈이 된다.

그러나 역기를 들어 올린 상태에서 앞으로 10m를 걸어 나갔다면 그 역도 선수는 아무 일도 하지 않은 것이 된다. 역기는 위로 들어 올렸는데, 이동 방향은 앞을 향했기 때문이다. 마찬가지로 농부가 게으름을 피우는 소를 온 힘을 다해 밀었더라도, 소가 움직이지 않았다면 농부는 아무 일도 하지 않은 셈이 된다. 힘은 작용했지만 움직인 거리가 0이기 때문이다. 그런데 같은 방향으로 힘을 주어 물체를 이동시켰더라도 이것이 우주 공간에서라면 아무 일도 하지 않는 것이 된다.

물체를 움직이기 위해 힘을 들여야 하는 이유는 중력이 물체를 잡아당기고, 마찰력이 물체의 이동을 방해하기 때문이다. 그런데 무중력 상태인 우주에서는 중력이 작용하지 않고, 중력이 없기 때문에 마찰력도 발생하지 않는다. 때문에 우주 공간에서는 아무리 열심히 일을 해도 들인 힘이 0이기 때문에 아무 일도 하지 않은 셈이 된다.

지렛대로 지구를 들어 올릴 수 있을까?

지렛대는 적은 힘으로도 무거운 물건을 들어 올릴 수 있게 해준다. 그래서 고대 그리스의 수학자이자 물리학자인 아르키메데스는 지렛대만 있으면 지구도 들어 올릴 수 있다고 호언장담했다.

지렛대의 원리는 무거운 쌀가마니를 나누어 옮기는 것과 같은 이치다. 즉 적은 힘을 들이는 대신 더 많이 움직이는 것이다. 긴 지렛대의 한쪽 끝을 들어 올릴 물건 밑에 걸친 뒤, 받침대를 물건 가까이에 두고 지렛대의 반대쪽 끝을 잡아 내리면 물건이 들리는 높이보다 힘을 주어 내리 누르는 거리가 훨씬 길어진다. 따라서 더 많이 움직이게 되면서 적은 힘으로도 무거운 물건을 들어 올릴 수 있게 되는 것이다.

이런 지렛대의 원리를 응용한 경우는 우리 주변에서 쉽게

찾아볼 수 있다. 병따개도 지렛대의 원리를 응용한 것이고, 손톱깎이나 가위 등도 지렛대의 원리에 따른 것이다. 물론 움직도르래의 원리 역시 지렛대의 원리와 다르지 않다. 그런데 아무리 지렛대의 도움을 받더라도 아르키메데스의 장담처럼 지구를 들어 올리기란 결코 쉽지 않다.

지구의 무게는 대략 6,000,000,000,000,000,000,000,000kg, 즉 6×10^{24}kg다. 그리고 아르키메데스의 힘이 60kg이라 한다면, 아르키메데스가 지구를 1m 들어 올리기 위해서는 10^{23}m를 움직여야 한다는 계산이 나온다.

$$6\times10^{24}\text{kg}\times1\text{m} = 60\text{kg}\times10^{23}\text{m}$$

10^{23}m라는 거리는 아르키메데스가 초당 1m를 이동한다고 해도, 무려 3,100조 년이 넘게 걸리는 엄청난 거리다. 물론 엄청나게 긴 지렛대가 필요한 것은 두말할 필요도 없다. 따라서 지렛대만 있으면 지구도 들어 올릴 수 있다고 말한 아르키메데스의 장담은 허풍에 가깝다.

롤러코스터는 엔진을 끄고 달린다?

놀이공원의 꽃은 역시 롤러코스터다. 천천히 레일을 타고 올라갔다가 빠른 속도로 내려오고, 다시 치솟아 360도를 회전하는 롤러코스터는 타고 있는 사람은 물론이고 지켜보는 사람들마저 짜릿하게 만든다. 그런데 롤러코스터는 처음 오르막길을 오를 때만 엔진의 힘을 빌리고 그다음부터는 엔진을 끄고 달린다.

높은 곳에서 뛰어내리면 중력의 힘에 의해 빠른 속도로 떨어지는 것과 마찬가지로, 레일 꼭대기에 위치한 롤러코스터는 엔진의 도움 없이도 내리막길을 빠른 속도로 달린다. 이렇게 높이에 따라 얻어지는 잠재적인 에너지를 '위치에너지'라고 한다. 그리고 위치에너지가 전환되어 롤러코스터를 움직

이게 만드는 힘을 '운동에너지'라고 한다.

이렇듯, 위치에너지와 운동에너지는 서로 전환될 수 있다. 높은 곳에 위치한 롤러코스터가 레일을 타고 내려오고, 남은 운동에너지로 다시 오르막을 올라 높은 곳에 위치하면서 위치에너지를 얻게 되는 것이다. 그리고 외부의 힘이나 마찰력이 작용하지 않는다면 롤러코스터는 올라갔다 내려갔다를 반복하며 영원히 움직일 수 있다. 물론, 실제 롤러코스터는 레일과 접촉하며 발생하는 마찰력과 바람의 저항 등의 이유로 점점 속도를 잃고 멈추게 된다.

롤러코스터는 나선형으로 빙글빙글 돌거나 거꾸로 한바퀴씩 돌기도 하는데, 사람이 거꾸로 매달려 있으면 혹시라도 떨어지지 않을까 마음을 졸인 적이 있을 것이다. 하지만 그런 걱정은 할 필요가 없다. 롤러코스터가 원형 레일을 돌면 바깥으로 튕겨져 나가려는 원심력이 발생하는데, 롤러코스터는 레일의 안쪽으로 돌기 때문에 원심력은 오히려 롤러코스터가 레일에 꼭 달라붙게 만들어준다.

롤러코스터가 고속열차보다 더 무서운 이유는?

롤러코스터는 보통 7~80km/h의 속도로 레일 위를 달린다. 세계에서 가장 빠른 롤러코스터도 최고 속도가 100km/h가 조금 넘는 정도라고 한다. 이에 반해 지하철의 최고 속도는 100km/h가 넘고, 고속열차의 평균속력은 무려 300km/h에 달한다. 그럼에도 롤러코스터가 지하철이나 고속 열차보다 더 무섭게 느껴지는 것은 관성 때문이다.

모든 물체는 현재의 운동 상태를 유지하려는 성질을 가진다. 정지해 있는 물체는 계속해서 정지해 있으려 하고, 움직이는 물체는 계속해서 움직이려 하는 것이다. 이것을 '관성'이라고 한다.

관성의 예는 버스를 탔을 때를 떠올려보면 이해하기 쉽다.

버스가 갑작스레 출발하면 우리 몸은 뒤로 쏠린다. 우리 몸은 계속해서 정지해 있으려 하는데 버스가 앞으로 나아갔기 때문이다. 마찬가지로 달리던 버스가 급정거하면 계속해서 움직이려는 관성의 영향으로 우리 몸이 앞으로 쏠리게 된다.

그런데 갑작스럽게 출발하거나 정지하는 경우가 아니라면 우리 몸은 속도에 적응하면서 관성의 영향을 거의 받지 않는다. 고속열차를 탔을 때 오히려 편안함을 느끼는 것도 바로 이런 이유 때문이다. 이에 반해 롤러코스터는 급작스럽게 출발하고 급작스럽게 정지한다. 덕분에 롤러코스터를 타면 고속열차를 탔을 때 느끼지 못했던 짜릿함을 느끼게 된다.

단단한 돌을 격파하고도 손이 무사할 수 있는 이유는?

제아무리 돌주먹이라고 해도 주먹이 돌처럼 단단할 수는 없다. 그런데도 맨주먹으로 바위를 부수고 솥뚜껑을 깨는 사람들이 있는 것을 보면 참 신기하다.

어떤 물체에 충격을 가하면 가한 크기만큼의 힘이 되돌아온다. 벽에 공을 던지면 공이 튕겨져 나오고, 더 강한 힘으로 던지면 더 세게 튕겨져 나오는 것과 같은 이치다. 이러한 원리를 '작용 · 반작용의 법칙'이라고 한다. 뉴턴의 운동법칙 중 제3법칙으로, 작용 · 반작용의 법칙은 A물체가 B물체에 힘을 가하면(작용) B물체 역시 A물체에게 똑같은 크기의 힘을 가한다는 것이다(반작용).

작용 · 반작용 현상은 격파를 할 때도 일어난다. 가령 100이라는 힘으로 송판을 가격하면 주먹에도 100이라는 힘이 고스란히 전해진다. 그러나 이것은 어디까지나 송판이 격파되지 않았을 때의 이야기다. 격파에 성공하면 송판이 순식간에 쪼개지면서 주먹과 송판이 맞닿는 시간도 짧아진다. 그리고 송판에 가해졌던 힘은 미처 주먹으로 되돌아오지 못하고 사라지고 만다. 바로 이러한 원리에 의해 차돌이나 솥뚜껑을 부수고도 주먹이 무사할 수 있는 것이다.

작용과 반작용의 예는 우리 주변에서 쉽게 찾아볼 수 있다. 로켓이 발사되는 것은 분사구에서 강한 화기를 내뿜으면서 그 반작용으로 솟아오르는 것이고, 우리가 걸을 수 있는 것도 발을 내딛을 때 일어나는 반작용으로 발이 밀려 나아가기 때문이다.

못판 위에 누워도 피가 나지 않는 이유는?

16년 동안 고통을 참아온 참기의 달인은 뾰족한 못 위에 눕고도 여유롭게 미소를 짓는다. 날카로운 못이 수천, 수백 개나 솟아 있는데도 말이다. 과연 달인답다 하겠지만, 여기에는 사람들의 눈을 속이는 과학의 원리가 숨어 있다. 그것은 바로 '압력'이다.

압력이란 단위 면적당 누르는 힘을 말한다. 그리고 같은 힘이 전해지더라도 접하는 면적이 좁으면 압력은 높아지고, 넓으면 압력이 줄어들기 마련이다. 가령 체중이 80kg인 남자가 두 발로 섰을 때, 남자의 두 발에는 각각 40kg의 힘이 분산되어 전해질 것이다. 그런데 한 발을 들면 땅을 딛고 있는 나머지 한 발에 80kg의 힘이 고스란히 전해진다. 못판 위에 누운

달인이 무사할 수 있는 이유도 바로 이 원리에 따른다.

만약 달인이 못 하나만 달랑 솟아 있는 못판 위에 눕는다면 못 하나에 달인의 무게가 온전히 전해지면서 못은 그대로 달인의 피부를 관통하고 말 것이다. 그러나 달인이 누운 못판 위에는 수천, 수백 개의 못이 솟아 있다. 그리고 달인이 못판 위에 누우면 달인의 체중은 달인의 몸과 맞닿는 수천, 수백 개의 못에 분산되어 전해진다. 그렇게 분산된 압력은 달인의 살갗을 뚫을 정도로 강력하지 못하다. 덕분에 달인은 날카로운 못판 위에 눕고도 멀쩡할 수 있는 것이다.

우리 주변에는 압력의 집중과 분산의 원리를 이용한 예가 많다. 못이 뾰족한 이유는 한 곳에 힘을 집중해 못이 잘 박히게 하기 위함이고, 칼이 날카로운 이유도 마찬가지다. 반대로 눈 위에서 신는 눈신발이 넓적한 이유는 압력을 작게 해서 발이 눈에 잘 빠지지 않도록 하기 위해서다.

뚱뚱한 사람이 물에 더 잘 뜬다?

뚱뚱한 사람은 왠지 둔하고 느릴 것만 같다. 또 무겁기 때문에 물에라도 빠지면 곧바로 물속으로 가라앉아 버릴 것 같다. 하지만 사실은 그와 정반대다. 살이 찐 사람은 마른 사람보다 오히려 물에 더 잘 뜬다.

물은 본래의 형태를 유지하려는 성질을 갖는다. 그래서 어떤 물체가 물에 빠지면 물은 본래의 형태를 유지하기 위해 물체의 부피만큼의 물 무게로 물체를 밀어낸다. 즉, 물에 빠진 물체의 밀도가 물보다 높으면 가라앉고, 낮으면 뜨게 되는 것이다. 그리고 이러한 물의 성질을 '부력'이라고 한다.

뚱뚱한 사람이 물에 잘 뜨는 것도 바로 부력 덕분이다. 일반적으로 지방은 같은 무게의 근육보다 약 5배 정도 부피가 더 크다. 즉, 근육이 지방보다 밀도가 훨씬 높은 것이다. 따라

서 뚱뚱한 사람은 지방의 비중이 높기 때문에 마른 사람보다 물에 더 잘 뜬다.

고대 그리스 물리학자 아르키메데스는 왕으로부터 새로 만든 왕관이 순금인지 아닌지를 밝혀내라는 명령을 받고 고심한다. 그러던 중 우연히 욕조에 몸을 담갔다가 자기 몸 부피만큼의 물이 욕조 밖으로 넘치는 것을 보고 깨달았다는 뜻의 '유레카'를 외친다. 이때 아르키메데스는 근육과 지방의 밀도가 다른 것처럼 물체마다 밀도가 다르기 때문에 왕관과 똑같은 무게의 순금을 각각 욕조에 넣어 넘친 물의 양을 비교해보면 왕관이 순금으로 만들어졌는지 아닌지를 알 수 있다고 생각한다. 그리고 이러한 방법으로 왕관에 은이 섞여 있음을 밝혀낸다.

사람이 손오공처럼 훈련을 한다면?

만화 〈드래곤볼〉에서 손오공은 지구보다 100배 높은 중력이 작용하는 특수한 장치에서 훈련을 한다. 그리고 전보다 더욱 강력한 힘을 갖게 된다. 여기서 중력이란 지구가 지구상의 물체를 잡아당기는 힘을 말한다. 만약 중력이 작용하지 않는다면 우리는 우주 공간에서처럼 하늘을 둥둥 떠다니게 될 것이고, 지구가 자전하면서 발생하는 원심력에 의해 지구 밖으로 튕겨나갈지도 모른다.

그런데 보통 사람이 손오공처럼 중력이 강화된 장치 속에 들어간다면 어떻게 될까?

우리가 일반적으로 말하는 무게는 질량이 아닌 중량을 뜻한다. '중량'이란 물체에 작용하는 중력의 크기를 말하는 것으로, 저울 위에 올라갔을 때 측정된 무게가 80kg이라면 지구가 80kg의 힘으로 잡아당기고 있음을 뜻한다. 따라서 중력이 지구의 1/4밖에 되지 않는 달에서 무게를 잰다면 몸무게도 1/4로 줄어들게 될 것이고, 손오공처럼 100배의 중력이 작용하는 곳에서는 무게를 잰다면 몸무게도 100배인 80톤이 될 것이다. 물론 보통 사람이 이런 엄청난 무게를 견뎌낼 수는 없다. 아마도 늘어난 무게를 이기지 못하고 오징어처럼 납작해지고 말 것이다.

한편, 질량은 장소나 상태에 관계없이 물질 고유의 양을 말한다. 가령 어떤 물체의 질량이 금 한 덩어리와 같아서 양팔 저울에 나란히 놓았을 때 평행을 유지한다면, 중력이 작은 달에서 재더라도 그 물체의 질량은 변함없이 금 한 덩어리와 같은 것이 된다.

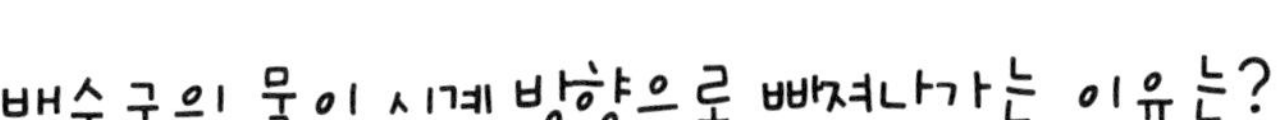

우리가 사는 지구는 시계 반대 방향으로 끊임없이 자전을 한다. 그것도 적도를 기준으로 한 시간에 약 1,600km나 이동한다. 그런데도 지구가 돌고 있다는 사실을 느끼는 사람은 거의 없다. 그래서 프랑스 과학자 푸코는 지구가 돌고 있다는 사실을 직접 증명해보이고자 했다.

1851년, 푸코는 파리의 판테온 사원 천장에 길이 67m의 철사줄에 무게 28kg의 추를 달아 좌우로 왕복시키고 추의 움직임을 관찰하였다. 그런데 추의 진동 방향이 조금씩 시계 방향으로 옮겨가는 것이었다.

외부의 어떤 힘이 작용하지 않으면 물체의 움직임은 변하지 않는다. 진자의 진동 방향이 시계 방향으로 옮겨간 것도 마찬가지 이치에 따른다. 사실 진자의 진동 방향은 시계 방향으로 이동한 것이 아니라, 지구가 시계 반대 방향으로 돌기 때문에 그렇게 보이는 것뿐이었다. 이는 달리는 버스 안에서 창밖을 바라봤을 때 바깥 풍경이 움직이는 것처럼 보이는 것과 같은 경우다.

이렇게 회전하는 물체 위에서 나타나는 가상의 힘을 '코리올리의 힘' 혹은 '전향력'이라고 부른다. 1828년 프랑스의 코리올리가 정리한 이론으로, 그 크기는 운동하는 물체에 비례하고 운동 방향에 수직으로 작용한다. 전향력은 우리 주변에서 쉽게 알아볼 수 있는데, 배수구의 물이 시계 방향으로 회오리치듯 돌며 빠져나가는 것이 그 대표적인 예이다.

한편, 우리가 사는 북반구에서 봤을 때, 해는 동쪽에서 떠서 서쪽에서 진다. 반대로 남반구에서 보면 서쪽에서 떠서 동쪽으로 지는 것처럼 보인다. 따라서 배수구의 물도 남반구에서는 시계 반대 방향으로 돌며 빠져나간다.

라면 물을 맞추기가 어려운 이유는?

세상에서 가장 쉽고 간단한 요리를 꼽으라면 아마도 라면을 떠올릴 것이다. 끓는 물에 면과 스프를 넣고 익히기만 하면 되니 말이다. 하지만 라면을 맛있게 끓이기란 생각보다 쉽지 않다. 라면은 물을 어떻게 맞추느냐에 따라 그 맛도 천차만별이 되기 때문이다.

물분자는 산소 원자 1개와 수소 원자 2개가 결합하여 104.5° 굽은형 구조를 이룬다. 그리고 산소 원자를 중심으로 4개의 물분자가 정사면체 꼴로 둘러싸고 무한히 연결되면서 물이 형성된다. 그런데 물분자의 결합은 그 강도가 약한 편이다. 또, 온도에 따라서도 결합의 강도가 달라진다.

평상시 물은 액체의 상태이다. 하지만 기온이 내려가면 결

합의 강도가 강해지면서 고체 상태의 얼음이 된다. 반대로 열이 가해지면 결합이 깨지면서 수증기가 되어 하늘로 날아가 버린다. 라면 물의 양을 맞추기 어려운 이유는 바로 이 때문이다.

알맞게 물을 맞췄더라도 물은 끓는 동안에 증발해버리기 때문에, 너무 오래 끓이거나 불의 강도를 잘못 조절하면 라면 국물이 졸면서 맛도 짜진다. 물론, 국물이 줄어들면 물을 조금 더 넣으면 될 것이다. 하지만 그만큼 더 오래 끓여야 하고, 이 과정에서 라면의 면발은 물을 흡수해 퉁퉁 불게 된다. 퉁퉁 분 라면이 맛이 있을 리는 없다.

자석을 반으로 자르면 어떻게 될까?

이성 간에는 서로 다른 면에 끌리는 사람들도 있다. 이렇게 보면 사랑은 자석과 같다 할 수 있다. 자석은 같은 극끼리는 밀어내지만, 다른 극끼리는 붙으려는 성질을 갖고 있기 때문이다.

자석은 쇳조각을 끌어당기는 자성을 지닌 물체를 말한다. 자석의 한쪽에는 N극이, 반대쪽에는 S극이 형성되는데, 우리

는 보통 N극을 빨간색, S극을 파란색으로 표시한다. 그런데 S극에 해당하는 파란색 부분을 모두 잘라버린다고 남은 빨간색 부분이 N극만을 띠는 것은 아니다. 자석을 이루는 원자는 그 하나하나가 자석이나 마찬가지기 때문이다. 쉬운 예를 들어보자.

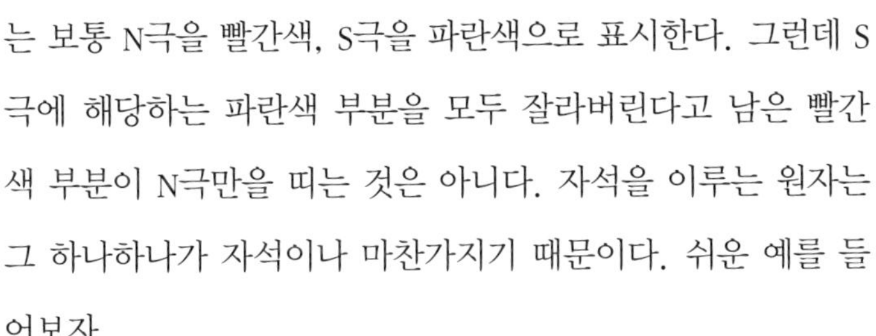

자석의 원자를 사람에 비유한다면, 자석은 사람들이 어느 한쪽을 바라보고 일렬로 늘어선 것과 같다. 사람들이 모두 왼쪽을 바라보고 있고, 사람의 앞쪽이 S극 뒤쪽이 N극이라면, 늘어선 사람들의 중심을 기준으로 왼편에는 S극이 오른편에는 N극이 형성된다. 그런데 사람들의 반을 갈라 떼어놓더라도, 사람들이 바라보는 방향은 변하지 않는다. 마찬가지로 자석을 반으로 가르면 남아 있는 부분에서도 똑같이 N극과 S극이 형성된다. 물론 잘라진 만큼 자성은 약해진다.

우리가 사는 지구도 하나의 자석과 같아서 북쪽에는 S극이, 남쪽에는 N극이 형성된다. 이렇게 지구에 자기장이 생기는 이유는 내핵과 외핵이 끊임없이 마찰하면서 전기적 성질을 일으키기 때문이라고 하는데, 일찍이 이런 사실을 알고 있던 고대 중국인들은 자석으로 나침반을 만들어 방향을 아는 데 사용했다. 나침반의 N극이 가리키는 곳이 북쪽, S극이 가리키는 곳은 남쪽이다.

전깃줄 위에 앉은 참새가 감전되지 않는 이유는?

숲과 나무가 줄어들면서 어지럽게 늘어선 전깃줄은 참새들의 쉼터가 된 지 오래다. 그런데 신기하게도 전깃줄에 앉은 참새가 감전되어 죽는 경우는 거의 없다. 전깃줄에는 엄청난 고압의 전류가 흐르고 있는데도 말이다. '감전'이란 생물의 몸에 전류가 흐르면서 충격을 주는 현상이다. 가해지는 충격의 크기는 전압의 크기보다 전류의 세기와 통로에 의해 결정된다. 그러므로 피부의 건조도와 전원에 접촉한 강도에 따라 그 영향이 다르게 나타난다. 피부가 건조하고 전원에 약하게 닿

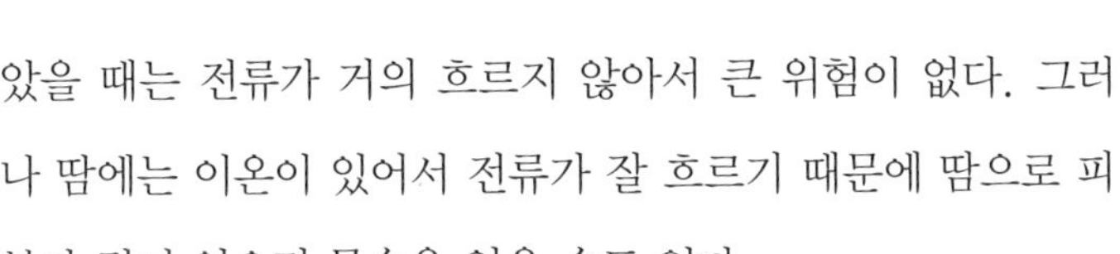
앉을 때는 전류가 거의 흐르지 않아서 큰 위험이 없다. 그러나 땀에는 이온이 있어서 전류가 잘 흐르기 때문에 땀으로 피부가 젖어 있으면 목숨을 잃을 수도 있다.

사람과는 달리 참새에게 전기를 차단하는 특별한 유전자가 있는 것은 아니다. 또, 전깃줄을 감싸고 있는 고무가 전기가 통하는 것을 막아주기 때문이라 생각해도 큰 오산이다. 고무는 전기가 통하지 않는 절연체로 알려져 있지만, 전기가 전혀 통하지 않는 것은 아니다. 아무리 고무라도 엄청난 고압의 전류가 통하는 것을 완전히 막을 수는 없다. 사실 전선을 고무로 감싼 진짜 이유는 비나 눈으로부터 전선이 부식되는 것을 막기 위해서이다. 그런데도 불구하고 참새가 감전이 되지 않는 것은 한마디로 고압선의 전기가 참새의 몸으로 흐르지 않기 때문이다.

물이 흐르기 위해서는 높고 낮음의 차이가 있어야 하는 것과 마찬가지로, 전기가 흐르기 위해서도 전위의 차이가 발생해야 한다. '전위'란 전기장 내에서 단위 전하가 갖는 위치에너지를 말한다. 참새의 몸에 전기가 통하려면 고압선에 닿은 참새의 두 발 사이에 전위의 차이가 발생해야 한다. 그런데 전깃줄 위에 앉아 있는 참새들의 모습을 보면 두 발이 하나같이 같은 전깃줄 위에 놓여 있는 것을 볼 수 있다. 더구나 참새는 다리가 짧기 때문에 양 발 사이의 간격도 좁다. 때문에 참새의 두 발 밑에 흐르는 전류의 전위 차는 거의 없다.

물론 참새의 다리가 황새처럼 길어서 두 개의 전선을 밟는다거나, 날개로 다른 물건을 건드린다면 전위의 차이가 발생하면서 참새는 그 자리에서 참새구이가 되고 말 것이다.

정전기에 감전되어 죽을 수도 있을까?

잠깐 동안만 정전이 되도 온 세상이 정지된 느낌이 든다. 현대 사회를 유지하는 대부분의 기계 장치는 전기로 작동되기 때문이다. 그래서인지 전기는 현대 문명의 상징처럼 여겨진다. 그런데 과학기술의 대표적인 발명처럼 생각되는 전기는 태초부터 존재했었다. 쏟아지는 비와 함께 내리치는 번개도 전기이고, 건조한 날 손끝을 따끔거리게 만드는 정전기도 전기의 일종이다.

이 세상의 모든 물체는 원자로 구성되어 있다. '원자'란 화학 원소로서의 특성을 잃지 않은 가장 작은 단위의 입자를 말한다. 그리고 원자는 원자핵과 그 주변을 돌고 있는 전자로 이루어져 있다. 이 중 원자핵은 +전기를 띠고, 전자는 −전기를 띤다.

평상시 원자는 원자핵과 전자가 서로 균형을 이루면서 별다른 전기적 성질을 띠지 않는다. 그런데 두 물체가 서로 마찰을 일으키면, 어떤 물체는 전자를 빼앗기며 +극을 띠게 되고, 다른 물체는 전자를 얻어 −극을 띠게 된다. 그리고 두 물체 사이에는 자석의 N극과 S극처럼 전기적 인력이 형성된다.

플라스틱 빗으로 머리를 빗다보면 머리카락이 빗에 달라붙는 것이 그 대표적인 예이다. 또 우연히 다른 사람과 손이 닿으면 따끔거리는 현상도 같은 원리에 따른 것으로, 마찰에 의해 발생하는 전기를 일컬어 '정전기'라고 한다. 정전기란 흐르지 않고 머무는 전기라는 뜻이다.

정전기의 전압은 2천에서 5천 볼트 정도라고 한다. 사형 집

행에 쓰이는 전기의자의 전압이 2천 볼트인 점을 감안하면 엄청나게 높은 수치다. 하지만 정전기에 의해 사람이 사망하거나 다치는 경우는 거의 없다. 정전기는 전압만 높을 뿐, 전류가 낮고 지속 시간도 매우 짧기 때문이다.

제우스처럼 번개를 손에 쥘 수 있을까?

그리스 로마 신화에 나오는 여러 신들 중에 으뜸은 번개의 신 제우스다. 제우스는 한 손에 번개를 쥐고 그 위엄을 뽐낸다. 그런데 고무장갑을 낀다면 우리도 제우스처럼 번개를 손에 쥘 수 있지 않을까?

전기의 흐름은 물의 흐름과 크게 다르지 않다. 방파제나 바위가 있으면 물의 흐름을 방해하는 것과 마찬가지로, 물질 속의 원자가 전류의 흐름을 방해하면 전기가 잘 통하지 않는다. 이렇게 전류의 흐름을 방해하는 성질을 '저항'이라고 한다. 같은 전압의 전기가 주어졌을 때, 저항이 높으면 전류의 크기는 작아지고, 반대로 저항이 낮으면 전류의 세기는 강해진다. 그리고 저항이 작아 전기가 잘 통하는 물질을 '도체'라 하고, 저항이 높은 물질을 '부도체'라고 한다.

고무장갑의 주성분인 고무는 부도체에 해당한다. 하지만 견고한 방파제도 엄청난 파도 앞에서는 속수무책인 것과 마찬가지로, 고무도 최고 10억 볼트에 달하는 번개를 완전히 차단할 수는 없다. 따라서 아무리 고무장갑을 끼더라도 제우스처럼 번개를 손에 쥘 수는 없다는 말이다.

저항의 세기는 물질의 종류에 따라서도 다르지만 주어진 조건에 따라서도 그 값이 달라진다. 전선의 경우 굵기가 굵을수록 저항이 낮아지고, 길이가 길어질수록 저항은 높아진다. 또, 온도가 올라가면 저항도 올라가는데, 도체 내부 입자들이 활발히 움직이면서 전자의 운동을 방해하기 때문이다. 바로 이러한 성질을 이용해 전구의 밝기나 다리미의 온도를 조절하기도 한다. 그런데 실리콘, 게르마늄 등의 물질은 전압, 온도, 빛 등의 조건에 따라 도체가 되기도 하고 부도체가 되기도 한다. 이러한 물질을 '반도체'라 부르는데, 반도체는 전기를 제어하는 성질을 이용해 전자제품의 회로를 만드는 데 사용된다.

소리만으로 유리잔을 깰 수 있을까?

영화나 광고에서 소프라노의 고음에 탁자 위의 유리잔이 부들부들 떨리다가 산산조각 나는 장면을 본 적이 있을 것이다. 물론 영화 속의 이야기이긴 하지만 '공명현상'을 이용한다면 결코 불가능한 일도 아니다.

그네를 밀 때 너무 빨리 밀거나 너무 느린 타이밍에 밀면 그네의 속도는 오히려 줄어든다. 반대로 정확한 타이밍에 그네를 밀면 그네는 더욱 속력을 얻는다. 공명현상은 바로 이런 원리와 크게 다르지 않다. 모든 사물은 각자 고유한 진동수를 가지고 있다. 그리고 사물이 갖고 있는 진동수와 같은 자극이 외부에서 가해지면 진동이 증폭된다. 이런 현상을 공명현상이라고 한다.

만약 유리잔이 갖는 진동수와 일치하는 소리를 계속해서 낼 수 있다면 영화에서처럼 소리로도 유리잔을 깰 수 있을 것이다. 그런데 공명현상의 위력은 단순히 유리잔을 깨는 데 그치지 않는다.

1831년, 영국의 군인들이 맨체스터의 어느 다리를 지날 때의 일이었다. 군인들은 구호에 발맞춰 걷고 있었는데 하필이면 그들이 낸 발소리의 박자와 다리의 파동이 일치했다. 그 바람에 다리는 맥없이 무너져 내렸다는데, 이 사건 이후 군인들이 다리를 지날 때는 발을 맞추지 않는 금기가 생겼다고 한다. 또, 1940년에는 미국 워싱턴 주의 착공된 지 4개월밖에 되지 않은 타코마란 이름의 다리가 약한 바람에 무너져 내리기도 했다. 마찬가지로 바람의 파동과 다리의 파동이 일치했던 것이다.

공명현상의 예는 우리 주변에서 쉽게 찾아볼 수 있다. 세탁기를 돌릴 때 유난히 쿵쿵거리며 요동을 칠 때가 있는데, 이것도 공명현상에 의한 것이다. 또, 전자레인지는 공명현상을 이용해 음식에 포함된 수분을 진동시켜 음식을 데우거나 익힌다. 이밖에 라디오의 주파수를 맞추면 똑같은 주파수로 송출된 방송이 나오는 것도 공명현상의 원리에 따른 것이다.

물속에 있으면 총알을 맞지 않는다?

영화 속에선 악당들에게 쫓기던 주인공이 위기를 모면하기 위해 물속으로 뛰어들곤 한다. 뒤이어 악당들은 물속에 숨은 주인공에게 총알 세례를 퍼붓지만, 신기하게도 총알은 주인공을 빗겨 나간다. 물론 영화 속의 한 장면일 뿐이지만, 과학적으로도 충분히 가능한 이야기다.

우리가 사물의 모습을 볼 수 있는 것은 빛의 파동이 사물에 반사되어 우리 눈으로 전해지기 때문이다. 그런데 전기가 전달되기 위해서는 전선이 필요한 것처럼, 파동이 전달되기 위해서는 파동을 전달할 매개체가 필요하다. 이런 매개체를 '매질'이라고 한다. 일상적으로 빛의 파동은 대기를 통해 우리의 눈으로 전해진다. 그런데 운동장 트랙을 달릴 때와 모래판 위를 달릴 때 그 속도가 달라지는 것처럼, 파동도 매질의 성질에 따라 나아가는 속도가 달라진다.

물 밖에서 물속을 들여다볼 때, 빛의 파동은 물과 대기를 거쳐 우리 눈까지 전해진다. 달리던 자동차의 한쪽 바퀴가 망가지면 양쪽 바퀴의 속도가 달라지면서 차의 몸체가 옆으로 틀어지는 경우가 있는데, 이와 마찬가지로 파동이 전달되는 도중 매질이 바뀌면 매질의 경계면에서는 굴절이 일어난다. 때문에 물 밖에서 볼 때, 물속에 있는 사람의 위치는 빛의 굴

절 때문에 실제 위치와 다르게 보인다. 젓가락을 물이 담긴 컵 속에 넣어 보았을 때, 젓가락이 구부러져 보이는 것을 보면 쉽게 알 수 있다. 그래서 물 밖에서 물속에 숨은 사람을 겨냥해 쏘아도 총알이 명중하지 못하는 것이다.

이밖에 총알은 회전을 하면서 날아가는데 총알이 물속으로 들어가면 물의 저항 때문에 회전력이 크게 감소되고 그 위력도 약해진다. 그래서 물속 깊이 숨어들었다면 총알을 맞더라도 치명상은 피할 수 있다.

눈이 온 뒤에도 무지개가 뜰까?

크리스마스에 눈이 내린다면? 상상만 해도 낭만적일 것이다. 게다가 눈이 그친 다음 무지개까지 뜬다면 금상첨화가 아닐까? 그런데 우리는 눈이 온 날, 무지개가 뜨는 경우는 좀처럼 본 적이 없다. 비나 눈이나 하늘의 구름에서 내리긴 마찬가지인데 말이다.

밝은 색을 띠는 빛은 본래 빨강, 주황, 노랑, 초록, 파랑, 남색, 보라 등 모든 색깔의 빛을 포함하고 있다. 그래서 각각의 색을 섞으면 섞을수록 검은색에 가까워지는 물감의 경우와 달리, 빛은 합치면 합칠수록 밝아지는 것이다. 무지개가 뜨는 원리는 이런 빛의 성질에 따른다.

비가 오고 나면 대기 중에는 물 입자가 남는다. 그리고 날이 개어 햇빛이 비추면 햇빛은 대기 중의 물 입자와 만나 반사되고 굴절된다. 그런데 각각의 빛은 굴절되는 각도가 서로 다르다. 때문에 빛은 굴절이 되면서 각각의 색으로 분리되어 무지개의 모습을 띤다. 즉, 대기 중의 물 입자가 프리즘의 역할을 하면서 빛을 분리시키는 것이다.

그런데 눈이 오고 난 뒤에는 상황이 좀 다르다. 눈이 오고 난 다음에는 대기 중의 물 입자도 얼어붙어 눈 결정체로 남는데, 눈 결정체는 물 입자만큼 빛을 잘 굴절시키지 못한다. 때문에 눈이 오고 난 뒤에는 무지개가 뜨는 경우가 거의 없는 것이다. 물론 눈이 오고 나서 곧바로 날씨가 풀렸다면 무지개를 기대해볼 만하다.

투수의 공이 휘어져 날아오는 원리는?

투수와 타자 사이의 거리는 18.44m, 시속 150km의 공이 포수의 글러브 안으로 들어오기까지 걸리는 시간은 고작

0.44초다. 타자는 이 사이에 공의 속도와 방향을 파악하고 배트를 휘둘러야 하는데, 설상가상으로 공은 타자 앞에서 뚝 떨어지기도 하고 휘어져 들어오기도 한다.

투수의 공이 휘어져 들어오는 것은 투수가 공에 회전을 준 덕분이다. 공에 회전을 주면 공의 위쪽과 아래쪽이 받는 압력이 달라지는데, 가령 투수가 시계 방향으로 공에 회전을 주어 오른쪽에서 왼쪽 방향으로 던졌다면, 공의 아래쪽이 위쪽보다 공기의 저항을 더 받게 된다.

공이 날아갈 때 공의 진행 방향과 반대 방향으로 공기의 저항이 생기는데, 시계 방향으로 도는 공의 아래쪽은 공기 저항의 방향과 반대가 되어 저항을 많이 받고, 공의 위쪽은 공기의 저항 방향과 같게 되어 그만큼 저항을 덜 받는다. 이렇게 받는 저항의 크기가 달라지면, 받는 압력의 크기도 달라진다. 고무공의 아래를 움켜쥐면 공이 위로 튕겨 나가는 것처럼 투수가 던진 공은 위로 솟구치려 한다.

이렇게 회전하는 물체에 대하여 수직으로 힘이 발생하는 현상을 '마그누스 효과'라고 한다. 그리고 마그누스의 원리에 따라 공의 회전을 주는 방향, 속도 등을 조절하면 다양한 변화구가 가능하다.

그런데 변화구 중에는 직선으로 들어오다가 타자 앞에서 갑자기 꺾이거나 뚝 떨어지는 것을 경우를 볼 수 있다. 이는 공의 속도가 매우 빨라서 마그누스 효과에 의한 힘이 미처 작용하지 못하다가, 공의 속도가 줄어들면서 마그누스의 효과가 나타난 경우다.

투수가 공을 던질 때 의도적으로 공에 회전을 주지 않는 경우도 있다. 공이 회전을 하지 못하면 공의 진행을 막는 공기의 흐름이 공의 뒤로 흘러 나가지 못하고 공의 앞에 모이게 된다. 그 힘이 점점 강해지면 소용돌이처럼 공의 이동에 영향을 주면서 공을 불규칙적으로 움직이게 만든다. 이런 원리로 던지는 변화구가 바로 너클볼이다. 너클볼은 던지는 투수조차 모르는 방향으로 공이 나가기 때문에 선수들 사이에서는 일명 '마구'라고 불리기도 한다.

몽골 사람들의 시력이 좋은 이유는?

이따금 경찰서 근처의 집에 도둑이 들었다거나, 심지어 경찰관의 집에 도둑이 들었다는 소식을 접하곤 한다. 그래서 등잔 밑이 어둡다는 속담이 있는가 본데, 실제로 안경 없이 먼 곳은 잘 보면서 가까운 곳은 잘 보지 못하는 사람들을 찾는 것은 어렵지 않다.

우리가 사물을 볼 수 있는 것은 사물에 반사된 빛의 파동이 눈 안의 망막에 전해지는 덕분이다. 이때 빛을 받아들여 망막에 맺히도록 하는 곳이 수정체이다. 즉, 망막이 필름과 같은 역할을 한다면, 수정체는 카메라의 렌즈 역할을 하는 것이다.

얇고 탄력성 있는 캡슐에 둘러싸여 있는 수정체는 두께를 조절하여 사물에 초점을 맞춘다. 가령, 가까운 곳을 볼 때는 두껍게 되면서 빛을 많이 굴절시켜 가까운 곳의 상이 망막에 잘 맺히도록 한다. 반대로 멀리 있는 곳을 볼 때는 두께를 얇게 해 굴절을 줄여준다. 그런데 우리가 흔히 눈이 나빠졌다고 하는 것은, 수정체의 조절 능력이 떨어지거나 안구의 길이가 지나치게 길거나 짧아 상이 망막에 제대로 맺히지 못하는 경우다.

물체의 상이 망막까지 미치지 못하면 가까운 곳은 잘 보지만 먼 곳은 잘 못 보게 되는 '근시'가 생긴다. 이런 경우 오목렌즈로 된 안경이나 렌즈를 착용해 빛의 굴절을 줄여준다. 우리가 쓰는 안경의 대부분은 이런 오목렌즈로 된 안경이다.

반대로 물체의 상이 망막 뒤에 형성되는 '원시'의 경우, 먼 곳은 잘 보지만 가까운 곳은 잘 보지 못한다. 이럴 때는 볼록렌즈로 빛의 굴절을 늘려주는데, 할아버지 할머니들이 신문이나 책을 읽을 때 돋보기 안경을 쓰는 이유이다.

한편, 가까운 곳을 오래 보면 수정체가 두꺼워져 있는 상태가 지속되면서 수정체에 무리를 준다. 때문에 시력이 나빠지게 되는데, 컴퓨터나 TV를 들여다보는 일이 많은 현대 사회에서 안경이나 렌즈를 착용하는 사람들이 늘어나는 이유가 여기에 있다. 또한 인공적으로 만든 조명도 수정체의 피로를 높인다고 한다. 이에 반해 몽골 사람들의 경우 가까운 곳보다 멀리 드넓은 초원을 바라보는 경우가 많다. 또한 초원의 푸른색은 눈을 편안하게 해준다고 하는데, 그 때문에 몽골에서는 안경을 쓴 사람을 거의 찾아볼 수 없다고 한다.

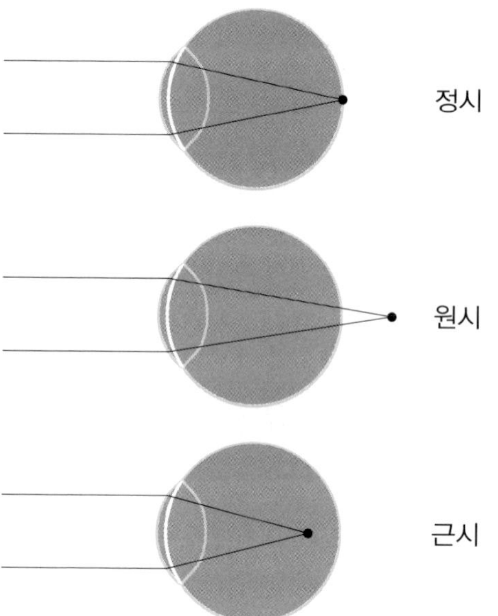

CHAPTER 2

마법과 같은 화학 지도

돌턴의 원자설은 틀렸다?

요즘엔 블록이 어쩌나 다양해졌는지 못 만드는 게 없을 정도다. 블록으로 멋진 스포츠카도 만들고 도시도 완벽하게 재현해낸다. 그런데 이 세상의 모든 물질도 블록과 같은 작은 원자로 이루어져 있다. 이런 원자의 존재를 세상에 알린 사람은 영국의 물리학자 돌턴이다.

여기서 잠깐. 우리가 블록으로 집을 만들었다가 다시 부숴버린다고 하자. 완성된 집의 무게와 부숴버린 블록의 무게는 다를까? 물론 아니다. 같은 방법으로 자동차 모양의 블록을 만들었다면 그 크기에 상관없이 부품 간의 질량비는 일정하다. 이처럼 물체는 화학적인 변화가 일어나도 그 질량은 변하지 않는다. 물질은 그 상태에 관계없이 어디서나 성분 간의 질량비는 일정한데, 돌턴은 이 두 가지 법칙들을 과학적으로 증명하고자 원자의 존재를 세상에 알렸다.

돌턴은 원자가 더 이상 쪼갤 수 없는, 물질을 이루는 최소한의 단위이며, 같은 종류의 물질은 같은 원자로 이루어져 있다고 생각했다. 그리고 원자는 없어지거나 새로 생기지 않고, 변하지도 않으며, 서로 다른 원자끼리 일정한 비율로 모이면 새로운 물질을 이룬다고 주장했다. 이것이 바로 '돌턴의 원자론'이다. 그리고 돌턴의 원자론은 근대 화학의 기초가 된다.

그러나 돌턴의 원자론은 엄밀히 말해 틀린 이론이다. 돌턴은 원자가 하나의 둥근 모양을 이룬다고 생각했지만, 이후 원자는 양성자와 중성자로 구성된 핵과 핵 주위에 일정한 형태로 흩어져 있는 전자로 이루어져 있다는 사실이 밝혀졌다.

또 더 이상 쪼갤 수 없다던 원자는 핵반응으로 쪼개지는 현상이 일어나기도 한다. 같은 종류의 원자는 그 크기와 질량이 모두 같다는 주장도 '동위원소'의 존재가 알려지면서 수정된다. 동위원소란 원자번호는 같지만 질량 수가 다른 원소를 말한다. 대표적인 동위원소로는 우라늄, 수소 등이 있다.

하지 말라고 하면 더 하고 싶은 게 사람의 심리. 누구나 한 번쯤은 김을 먹을 때 함께 들어 있는 하얀 봉지의 '먹지 마시오'라는 문구를 보고 먹어보고 싶은 충동을 느낀 적이 있을 것이다. 물론 경고문대로 봉투 안에 들어 있는 것은 먹을 수 있는 것이 아니다. 봉투를 뜯어보면 작고 동그란, 그리고 투명색의 알갱이들이 들어 있다. 이것은 김과 같은 마른 음식이 습기를 머금고 눅눅해지는 것을 막기 위한 흡습제로, 그 정체

는 실리카겔이다. 매끈해 보이지만 실리카겔의 표면에는 미세한 구멍이 나 있는데, 이 구멍으로 습기를 빨아들이며 음식이 눅눅해지는 것을 막아준다.

실리카겔은 무색 투명하기 때문에 수분을 흡수하더라도 겉으로 표시가 잘 나지 않는다. 염화코발트를 첨가한 푸른색의 실리카겔은 수분을 흡수하면 연분홍색으로 변하여 실리카겔의 흡습 여부를 알아보기 쉽게 한다. 하지만 염화코발트는 발암물질이기 때문에 요즘은 대체품으로 네오블루겔을 사용한다. 수분을 흡수한 실리카겔은 프라이팬이나 전자레인지를 이용하여 가열하면 수분이 날아가므로 재사용이 가능하다.

옷장이나 신발장에 두는 습기 제거제도 실리카겔과 마찬가지로 주변의 습기를 빨아들여 옷이나 신발이 습기를 머금고 눅눅해지거나 곰팡이가 피는 것을 막아준다. 그런데 이때 쓰는 습기 제거제는 습기를 제거하는 방법에 있어 실리카겔과 조금 다르다.

습기 제거제의 주성분은 염화칼슘이다. 염화칼슘은 '조해성'이 매우 강한데, 조해성이란 공기 중의 수분을 흡수하여 녹는 현상을 말한다. 염화칼슘으로 만들어진 습기 제거제는 주변의 습기를 머금고 녹아 없어지며 습기를 제거한다. 때문에 다 쓴 습기 제거제를 열어보면 물이 가득 고여 있는 것을 볼 수 있다.

이렇게 습기를 제거하는 방법이 다르기 때문에, 실리카겔과 습기 제거제를 물에 넣었을 때 일어나는 반응도 다르다. 일반 습기 제거제를 물속에 넣으면 조해성으로 물에 녹아 없어지고 만다. 반면 물속에 들어간 실리카겔은 물을 가득 머금으면서 결국 그 압력을 이기지 못하고 톡톡 터져버린다.

과일은 차갑게 먹어야 제맛이다?

맥주는 4~5℃ 사이가 가장 맛있다고 한다. 그래서 어떤 회사의 맥주 포장에는 마시기 알맞은 온도가 되면 표시가 나타

나는 라벨이 붙여져 있기도 하다. 그런데 온도에 따라 맛이 다른 것은 맥주만이 아니다. 과일도 온도에 따라 그 맛이 달라진다.

단맛을 내는 요소는 과당과 포도당이다. 그리고 과당과 포도당은 각기 알파형과 베타형으로 나뉘는데, 온도가 낮아지면 알파형의 당은 베타형의 당으로 변하는 성질을 갖는다. 그런데 과당의 경우 베타형 과당이 알파형의 과당보다 훨씬 당도가 높다.

과일의 단맛 역시 과당과 포도당 덕분이다. 특히 과일에는 과당이 많은데, 이 때문에 과일은 차갑게 먹어야 더 맛있게 먹을 수 있다. 물론 너무 차갑게 해서 먹으면 과일의 참맛을 느낄 수 없다. 과일이 너무 차가우면 혀가 마비되어 그 맛을 제대로 느낄 수 없기 때문이다. 과일을 가장 맛있게 먹을 수 있는 온도는 10℃ 정도라고 한다.

한편, 바나나나, 파인애플 등 열대 과일은 차가운 온도에서 오히려 그 맛이 떨어진다고 한다. 온대 기후에서 자란 열대 과일은 따뜻한 온도에서 최상의 맛을 내도록 자랐기 때문이다. 반면 달콤함의 대명사인 꿀은 온도에 따라 그 맛의 차이가 거의 없다. 꿀은 과당보다 포도당을 더 많이 함유하고 있는데, 포도당은 알파형이나 베타형이나 맛의 차이가 별로 나지 않기 때문에 온도에 영향을 받지 않는다.

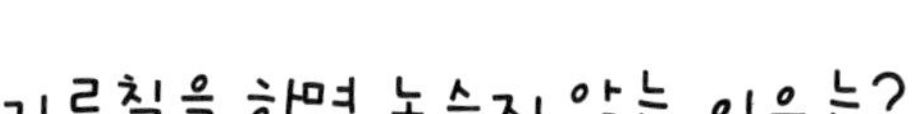

기름칠을 하면 녹슬지 않는 이유는?

세월이 흐르면 모든 것이 변하기 마련이다. 아무리 맛있는 음식이라도 오래 두면 상해 먹지 못하게 되고, 강산도 시간이 지나면 그 모습이 변한다. 심지어 단단한 쇠조차 오래 두면 녹이 슨다.

철이 녹스는 원리는 사과의 자른 단면이 갈색으로 변하는

'갈변현상'과 크게 다르지 않다. 사과를 잘라놓으면 사과에 함유되어 있는 폴리페놀과 같은 물질이 대기 중의 산소와 결합하면서 색이 변하게 되는데, 이렇게 물질이 산소와 만나 화합되는 현상을 '산화'라고 한다. 철도 산소와 만나 산소철이 되면서 녹이 슨다. 그런데 엄밀히 말해 철이 녹스는 것은 변하는 것이 아니라 본래의 모습으로 돌아가는 것이다.

철은 철광석으로부터 얻어진다. 철광석이란 철을 함유한 광석 중 수익적 가치가 높은 광석을 지칭하는 말로, 대표적인 철광석으로는 자철석, 적철석, 갈철석 등이 있다. 그런데 이때 철은 산화철의 형태로 철광석에 포함되어 있다가 복잡한 제련과정을 거쳐 얻어진 것이다.

철의 표면에 기름칠을 해두면 철이 녹스는 것을 방지할 수 있는데, 철의 표면에 형성된 기름막이 철과 산소가 만나는 것을 막아주기 때문이다. 마찬가지로 사과의 잘린 표면을 소금물에 담가두면, 사과의 색이 변하는 것을 막을 수 있다. 소금물이 사과 안에 있는 산화효소의 작용을 억제시켜 사과의 산화작용을 막는 것이다.

녹이 안 스는 것으로 알려진 스테인레스강은 일반 강철에 크롬 및 니켈 등의 성분을 합금한 것으로 녹 방지에 큰 효과가 있고, 그 강도가 매우 강해 많이 쓰인다. 하지만 스테인레스 제품이라고 해서 녹이 슬지 않는 것은 아니다. 특정 화학

성분에 약해 쉽게 녹이 스는 경우도 있으며, 가정에서 사용하는 오래된 싱크대의 구석 부분을 잘 보면 음식 찌꺼기 등에 장기 노출되어 부분부분 녹이 슨 것을 볼 수 있다.

겨울에도 바다가 얼어붙지 않는 이유는?

최근 지구온난화로 인해 극지방의 얼음이 녹으면서 해수면이 상승하고 있다는 뉴스를 자주 접한다. 그러나 이것은 틀린 말이다. 어차피 얼음의 대부분은 물속에 잠겨 있기 때문에 극지방의 얼음이 녹는다고 해수면의 높이에 큰 영향을 끼치지는 않는다.

온난화로 인한 얼음의 파괴가 해수면 상승에는 별다른 영향을 주진 않지만, 생태계에 심각한 영향을 주는 것은 사실이다. 더군다나 녹아버린 얼음은 좀처럼 회복되기 힘들다. 바닷물의 어는점은 민물보다 훨씬 낮기 때문이다.

어는점은 액체의 종류에 따라 각기 다르다. 물이 어는점은 0℃이지만, 수은의 어는점은 약 −30℃, 에탄올의 어는점은 약 −114℃ 정도이다. 더구나 물의 어는점이 0℃라는 것도 순수한 증류수일 때의 이야기다. 물에 불순물이 녹아 있으면 물

의 어는점은 더욱 내려간다. 불순물이 물이 어는 것을 방해하기 때문이다. 만약 물속에 설탕이 녹아 있다면, 물은 0℃ 이하에서 얼 것이고, 더 많은 설탕이 녹아 있을수록 물의 어는점도 더욱 낮아질 것이다.

바닷물이 잘 얼지 않는 것도 마찬가지 이유이다. 바닷물에는 다양한 물질들이 함유되어 있다. 물을 주성분으로 하며 3.5퍼센트 정도의 소금, 미량의 금속으로 구성된다. 바닷물의 주성분인 소금, 즉 염화나트륨($NaCl$)은 나트륨이온(Na^+)과 염소이온(Cl^-)의 '이온 결합'으로 이루어진 물질이다. 이온 결합이란 양이온과 음이온의 정전기적 인력에 의한 결합을 말하는데, 염화나트륨이 물에 녹으면 나트륨이온과 염소이온이 서로 분리된다. 그리고 각기 물분자에 들러붙어 물이 어는 것을 방해한다.

뿐만 아니라 끊임없이 요동치는 파도는 바닷물이 어는 것을 더욱 어렵게 만든다. 그래서 아무리 추운 극지방이라고 해도 바닷물이 어는 경우는 드물다. 우리가 잘 아는 빙하는 사실 바닷물이 언 것이 아니라 오랫동안 내린 눈이 쌓이면서 생긴 것으로 한번 파괴된 빙하는 다시 만들어지기 힘들다.

화초가 사람을 죽일 수도 있다?

작은 방 안, 평소 폐가 안 좋던 한 남자가 하룻밤 사이에 싸늘한 시신이 되어 발견되었다. 누군가가 침입한 흔적은 전혀 없었고, 방 안에 살아 있는 것이라고는 화초들뿐이었다. 그렇다면 범인은 누구일까? 놀랍게도 유력한 용의자는 화초였다.

녹색식물이나 그밖의 생물은 생존에 필요한 유기물을 얻기 위해 빛에너지를 이용해 물과 이산화탄소를 합성한다. 이것이 바로 '광합성'이다. 이때 식물은 광합성을 하면서 산소도 함께 배출해낸다. 숲 속에 들어가면 상쾌한 기분이 드는 것은 바로 이 때문이다.

그런데 식물도 우리와 마찬가지로 호흡을 한다. 즉, 산소를 들이마시고 이산화탄소를 배출하는 것이다. 하지만 광합성으로 배출하는 산소가 호흡으로 배출하는 이산화탄소보다 더

많기 때문에, 식물은 산소를 만들어내는 공장과 같은 역할을 한다고 말한다.

그런데 밤이 되면 상황은 역전된다. 밤이 되면 광합성에 필요한 태양빛을 얻을 수 없기 때문에 식물은 광합성을 멈추고 이산화탄소만을 배출한다. 그래서 밤에 숲 속을 걸으면 오히려 건강에 안 좋을 수도 있다. 마찬가지로 작은 방에 화초를 두고 자는 것도 위험할 수 있다. 특히나 폐가 좋지 않은 환자 곁에 화초를 두는 것은 삼가야 한다. 자칫 산소가 부족해져 호흡 곤란이 올 수 있기 때문이다.

광합성의 과정

$6CO_2 + 12H_2O \rightarrow C_6H_{12}O_6 + 6H_2O + 6O_2$

광합성의 과정

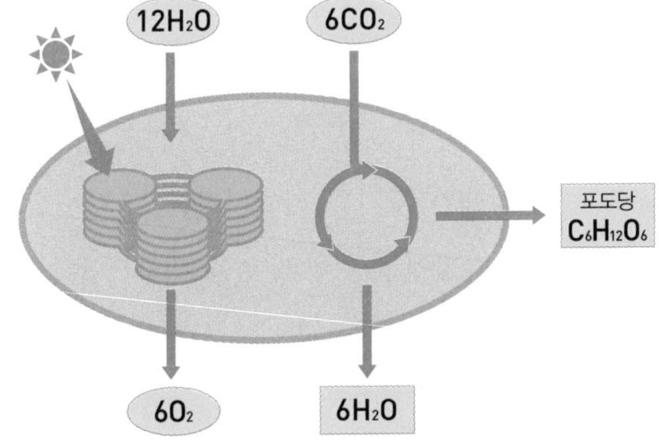

차가운 것을 만졌는데 화상을 입는다?

케이크는 밀가루와 버터 등을 반죽해 만든 빵 위에 생크림, 초콜릿, 과일 등을 얹은 서양 과자의 일종으로 생일 파티나 기념일에 빼놓을 수 없는 먹을거리이다. 그런데 최근에는 빵이 아니더라도 다양한 재료로 만든 케이크가 등장하고 있다. 특히 아이스크림으로 만든 케이크가 인기다.

아이스크림 케이크가 인기를 끌 수 있었던 데는, 아이스크림이 오랫동안 녹지 않도록 유지해주는 드라이아이스 덕분이다. 드라이아이스는 이산화탄소를 낮은 온도에서 높은 압력으로 압축시켜 고체로 변환시킨 물질로 '승화성'이 매우 강하다. 승화성이란 고체에서 곧바로 기체 상태로 변하는 것을 말한다.

열을 가해야 물이 수증기가 되는 것에서 알 수 있듯이, 물질이 기체 상태가 되려면 열에너지를 필요로 한다. 때문에 기체가 되는 과정에서 주변의 열을 빼앗으면서 주변의 온도를 낮추는데, 바로 이러한 원리로 드라이아이스는 주변 온도를 낮추어 아이스크림이 녹지 않게 해준다. 또 드라이아이스는 승화하면서 이산화탄소를 발생시키는데, 이산화탄소는 곰팡이나 미생물의 번식을 억제시킨다. 때문에 드라이아이스는 식품보관용 물질로도 널리 사용된다. 이밖에 연기처럼 피어오르는 이산화탄소에 의해 응결된 수증기를 이용해 무대에 안개 효과를 연출하거나, 광고나 드라마에서 차가운 음료를 뜨겁게 보이도록 하기도 한다.

그런데 드라이아이스는 −78.5℃까지 내려갈 정도로 매우 찬 물질이다. 때문에 맨손으로 드라이아이스를 만졌다가는 피부에 큰 손상을 입는데, 이때 입는 상처는 동상이 아닌 화상에 가깝다. 화상이란 외부의 열기에 의해 조직 외부가 상처를 입는 것이다. 반면 동상은 차가운 것을 오래 접하면서 그 냉기가 피부 속으로 침투하여 내부의 세포조직을 손상시키는 것을 말한다. 드라이아이스로 인해 손상을 입는 경우는, 드라이아이스의 냉기에 피부가 직접적으로 손상을 입는 경우가 대부분이다. 그래서 드라이아이스로 인해 입은 손상을 '냉동 화상'이라고 부르기도 한다.

여름철 방귀 냄새가 더 지독한 이유는?

번개가 번쩍이고 난 뒤 천둥이 우르르 쾅쾅 친다. 본래 천둥과 번개는 함께 일어나는 현상인데, 이렇게 시간의 차이가 나는 것은 빛의 속도가 소리의 속도보다 빠르기 때문이다. 방귀 소리가 나고 나서 조금 뒤에 냄새가 풍기는 것도 같은 원리다. 냄새의 확산 속도는 소리의 속도를 따라가지 못한다. 그래서 방귀 소리가 났을 때, 재빨리 몸을 피하면 냄새로부터 벗어날 수 있다.

냄새는 분자의 운동에 의해 코로 전달된다. '분자'란 물질의 성질을 가지는 가장 작은 단위를 말하는데, 분자 중에도 냄새를 풍기는 분자는 따로 있다. 그리고 물속에 물감을 떨어뜨렸을 때 물감이 퍼져 나가는 것처럼 대기 중의 냄새도 확산되어 우리의 코로 전해진다.

그런데 분자의 운동은 온도가 높을수록 활발하게 일어난

다. 분자가 운동을 하기 위해서는 에너지를 필요로 하는데, 온도가 높아지면 열에너지가 높아지면서 기체 내의 에너지도 상승하기 때문이다. 또한 분자의 운동은 바람이나 물의 흐름에도 영향을 받으며 습도가 높아지면 냄새 분자가 콧속에 달라붙으면서 냄새가 더욱 지독하게 느껴진다. 바로 이러한 이유로 방귀 냄새는 춥고 건조한 겨울철보다 따뜻하고 습도가 높은 여름철에 더 지독하게 느껴질 수 있다.

분자의 확산 속도는 물질이나 파동을 전달하는 물질인, 매질의 상태에 따라서도 달라진다. 그리고 진공일 때 가장 활발하게 일어나는데, 진공 상태에서는 분자의 운동을 방해하는 입자나 물질이 존재하지 않기 때문이다.

재미있는 사실은 장미향과 방귀 냄새가 같다는 것이다. 얼핏 들으면 황당한 이야기 같지만, 장미향과 방귀 냄새의 성분이 같다는 것이다. 장미향과 방귀 냄새의 성분은 평소 지독한 악취로 알려져 있는 인돌, 스카톨이라는 물질로 이뤄져 있는데 농도가 짙으면 지독한 냄새가 나고, 농도가 흐리면 장미향이 나는 것이다.

인간이 최초로 하늘을 날기 위해 탄 건 비행기가 아니었다?

태초부터 인류는 새를 보면서 하늘을 나는 꿈을 꾸어왔다. 그리고 새의 모양을 본떠 비행을 시도했지만 번번이 실패하고 말았다. 인류가 처음 하늘을 나는 데 성공한 것은 1783년 11월 프랑스의 몽골피에 형제에 의해서였다. 그런데 몽골피에 형제가 만든 비행체는 새의 모양과는 전혀 다른 것이었다. 몽골피에 형제가 만든 것은 다름 아닌 열기구였다.

기체는 온도가 높으면 팽창하고, 온도가 낮으면 수축한다. 온도가 높으면 기체의 분자 운동이 활발해지기 때문이다. '샤를의 법칙'에 따르면 압력이 일정할 때, 기체의 부피는 온도가 1℃ 올라갈 때마다 0℃일 때 부피의 1/273씩 증가한다고 한다. 열기구는 바로 이런 기체의 성질을 이용한 것이다.

열기구에는 거대한 풍선이 달려 있고, 풍선 밑바닥에 구멍이 뚫려 있다. 그리고 풍선 안을 가열시켜 풍선 안 공기를 팽창시키고 일부 공기를 배출시킨다. 이에 따라 풍선 안 공기의 밀도, 즉 단위 부피당 무게가 감소하면서 상대적으로 가벼워진 열기구는 하늘로 떠오르게 되는 것이다. 물론 착륙을 해야 할 때는 가열을 멈추고 풍선 안 공기를 식히면 된다.

같은 원리로 여름철에는 타이어의 바람을 약간 부족하게 채워야 한다. 더운 날씨에는 공기가 팽창하기 때문에 자칫하면 타이어가 터져버릴 수 있기 때문이다. 또 빠른 속도로 달

리다보면 타이어가 과열되면서 타이어 안의 공기도 팽창하는데, 이런 이유로 경주용 자동차에는 타이어의 바람을 꽉 채우지 않는다고 한다.

뽑기의 원조는?

요즘 사람들은 '세상이 어떻게 돌아가는지 정신을 차릴 수가 없다. 세상이 너무 빨리 바뀐다'라는 말을 자주 한다. 가전제품이나 자동차, 생활용품 등은 하루가 멀다 하고 신제품이 나오고 있다. 그런데 시대가 바뀌어도 변하지 않는 것이 있다. 바로 학교 앞 풍경이다. 시대가 흘렀지만 봄이면 교문 앞에는 꼭 병아리를 파는 아저씨가 등장한다. 특히나 운이 나쁘면 꽝이지만 운이 좋으면 큰 선물을 얻을 수 있는 뽑기는 예나 지금이나 아이들의 호기심과 흥미를 자극하고 있다.

이 뽑기의 원조라고 하면 역시나 '달고나'일 것이다. '설탕보다 달구나'에서 이름이 유래했다고 전해지는데, 달고나에 새겨진 모양대로 잘라서 다시 뽑기 아저씨에게 가져가면 맛있는 달고나를 하나 더 먹을 수 있었다.

달고나는 설탕을 약한 불에 녹이고 여기에 베이킹 소다를

넣어 만든 설탕 과자다. 설탕은 녹는점이 약 200℃ 정도로 낮은데, 설탕을 불에 가열하면 설탕이 노르스름하게 녹기 시작한다. 적당히 설탕이 녹았을 때, 베이킹 소다를 넣는다.

베이킹 소다는 탄산수소나트륨으로, 가열되면서 탄산나트륨, 물, 이산화탄소로 분리된다. 설탕이 불에 달구어져 녹을 때 베이킹 소다를 넣으면 수증기와 이산화탄소가 발생하면서 녹은 설탕이 부풀어 올라 바삭바삭한 달고나가 만들어진다.

$$2NaHCO_3 \rightarrow Na_2CO_3 + H_2O + CO_2$$

(탄산수소나트륨)→(탄산나트륨)(물)(이산화탄소)

이렇게 달고나의 탄산수소나트륨이 탄산나트륨, 물, 이산화탄소 등으로 분리되거나, 종이가 불에 타는 것처럼 물질을 이루는 원자나 이온 사이에 화학 결합이 끊어지거나 재배열이 일어나 처음의 상태와 전혀 다른 화학적 성질을 갖는 물질로 변화하는 것을 '화학 변화'라고 한다. 반면, 컵이 깨지거나 물이 얼고 녹는 경우와 같이 물질 본연의 성질은 변하지 않고 모양이나 형태만 변하는 것을 '물질 변화'라고 한다.

알칼리성 이온 음료는 산성이다?

농구 선수들은 하나같이 키가 크다. 그래서 혹자들은 농구를 하면 키가 큰다고 말하기도 한다. 물론 성장기의 운동은 성장 발육에 도움을 준다. 그러나 농구 선수들이 키가 큰 것은 농구를 해서가 아니라 키가 크기 때문에 농구를 하게 된 것이다. 이처럼 우리 주변에는 잘못된 상식들이 아주 많은데, 농구를 하고 난 뒤에 마시는 알칼리성 이온 음료도 사실은 알칼리성이 아니다.

수소이온 농도 지수인 pH가 7인 순수한 물을 기준으로 pH 7보다 낮으면 '산성', 높으면 '염기성'으로 구분된다. 그리고

염기성 중에서도 물에 잘 녹는 물질을 '알칼리성'이라고 한다. 그런데 산성과 염기성을 혼합하면 그 성질을 잃고 중화된다. 생선회에 산성인 레몬즙을 뿌리는 이유도 염기성인 생선회의 비린내를 중화시키기 위해서이다. 또 벌에 물렸을 때 염기성 물질인 암모니아를 바르는 것 역시 산성인 벌의 독을 중화시키기 위해서다.

이런 산성과 염기성을 구분하기 위해서는 '지시약'이 사용된다. 리트머스 종이가 그 대표적인 예인데, 리트머스 종이를 산성 물질에 담그면 그 색이 붉은색으로 변하고, 염기성 물질에 담그면 푸른색으로 변한다.

그런데 우리가 즐겨 먹는 알칼리성 이온 음료에 리트머스 종이를 담그면 푸른색이 아닌 붉은 색을 띤다. 즉, 알칼리성 이온 음료는 산성을 띠는 물질인 것이다. 그런데도 이온 음료를 알칼리성이라 부르는 이유는, 식품의 경우 그 자체의 성질이 아닌, 체내에 흡수 · 연소되었을 때의 상태에 따라 산성이냐 염기성이냐로 구분하기 때문이다. 이온 음료의 경우 음료 내의 나트륨, 칼륨, 마그네슘 등이 체내에 흡수 · 연소되어 알칼리성을 띤다. 마찬가지로 신맛을 띠는 과일도 그 자체는 산성에 속하지만, 체내에 흡수되었을 때는 염기성 원소만이 남기 때문에 알칼리성 식품으로 분류된다.

한편, 산성과 알칼리성은 그 맛도 다르다. 식초와 같이 산성을 띤 물질은 신맛이 나고, 염기성 물질은 쓴맛을 낸다. 또 산성은 금속과 반응해 수소를 발생시키며, 염기성 물질은 단백질을 녹이는 성질을 가진다. 때문에 알칼리성인 비누를 만졌을 때 손이 미끈거리는 것이다.

전기는 만드는 것보다 저장하는 것이 더 힘들다?

흔히 돈은 벌기보다 모으기가 더 어렵다고 한다. 돈을 벌기는 어려워도, 쓰기는 그보다 더 쉽기 때문에 나온 말이다. 그런데 전기도 돈과 같아서, 전기를 생성하는 것보다 생성한 전기를 저장하는 것이 더욱 어렵다.

전기를 저장하는 기술은 우연한 실험으로 발전하게 되었다. 이탈리아의 의학자 갈바니는 개구리 해부 실험을 하던 중, 수술용 메스로 개구리 다리의 신경을 건드리자 개구리의 다리 근육이 오그라드는 것을 목격한다. 갈바니는 이와 같은 현상이 전류 때문이며, 근육 조직이 전류를 만든다고 생각했다. 그리고 이런 그의 생각은 훗날 많은 과학자들에게 영향을 주는데, 그 중에는 이탈리아의 물리학자 볼타도 있었다.

그러나 볼타는 근육 조직이 전류를 만드는 것은 아니라 개구리에 닿은 금속판과 메스가 개구리 몸 안에 있는 액체를 통해 접촉하면서 전류를 발생시켰다는 사실을 밝혀낸다.

즉 이온화 경향이 다른 두 금속을 전해질 역할을 하는 용액에 담그면, 이온화 경향이 더 강한 금속은 전자를 내어주고 음극을 형성한다. 이런 상황에서 두 금속 사이에 도선을 연결하면, 음극의 전자가 도선을 타고 양극으로 이동하면서 전류가 흐르게 되는 것이다. 바로 이런 차이로 금속판과 메스는 전자를 주고받는데, 갈바니의 개구리 실험의 경우 전자가 개구리의 몸을 타고 이동하면서 개구리가 꿈틀거리게 된 것이다. 볼타는 바로 이런 원리에 따라 묽은 황산에 구리판과 아연판을 담그고 두 금속 사이를 도선으로 연결한 최초의 전지인 '볼타전지'를 개발한다.

그러나 볼타의 전지는 1차 전지에 불과했다. 1차 전지란 충전이 불가능한 전지를 말하는데, 볼타전지는 황산에 녹아 있는 수소이온이 구리판으로 넘어온 전자와 만나면서 수소가스가 되어 날아가 버리기 때문에 더 이상의 충전이 불가능하다. 하지만 볼타전지의 등장은 전기 저장 기술의 발전을 가져와 전기가 실용화되는 계기를 마련한다.

CHAPTER 3
생생하게 살아 숨 쉬는 생물 지도

나무도 월동 준비를 한다?

겨울이 가까워지면 곰과 같은 동물들은 잔뜩 살을 찌우면서 겨울잠을 잘 준비를 한다. 그런데 나무도 낙엽을 만들어 겨울나기에 들어간다.

대부분의 식물은 광합성을 한다. 광합성이란 식물의 잎에 분포한 엽록소가 태양빛, 수분, 이산화탄소 등을 합성해 생존에 필요한 유기물을 만들어내는 것을 말한다.

그런데 겨울이 가까워지면 햇빛을 받는 시간이 줄어들고, 나무의 뿌리가 흡수할 수 있는 수분의 양도 줄어든다. 이런 상황에서 계속 나뭇잎으로 수분이 전달되면 나무의 생존 자체가 위협받을 수 있다. 특히나 식물은 나뭇잎의 밑면에 나 있는 기공을 통해 수분을 배출한다. 그래서 나무는 나뭇잎과 나뭇가지 사이에 '떨켜'라는 것을 형성시켜 잎과 가지가 통하는 것을 막는다. 그런데 떨켜가 형성된 후에도, 나뭇잎은 한동안 광합성을 하면서 유기물을 만들어낸다.

나뭇잎이 푸르게 보이는 이유는 엽록소 때문이다. 그런데 떨켜에 의해 나뭇잎과 가지가 통하는 것이 차단되면, 광합성에 의해 생성된 유기물이 나뭇잎에 쌓이면서 엽록소를 파괴한다. 붉은 색을 나타내는 안토시안, 적황색을 띠는 카로틴, 노란색을 띠는 크산토필 등이 평소에는 엽록소에 가려 보이

지 않다가 엽록소가 파괴되어 드러나게 된다. 이 때문에 나뭇잎은 울긋불긋 변하게 된다.

한편, 나무 중에도 소나무와 같이 잎이 뾰족한 침엽수는 겨울에도 낙엽이 지지 않는다. 침엽수의 잎은 가늘고 뾰족해서 추위에 강하고 수분과 영양분을 많이 소비하지도 않기 때문이다.

나무는 무슨 힘으로 물을 빨아들일까?

같은 음식이라도 먹는 방법에 따라 그 맛이 달라진다. 특히 주스나 요구르트는 병을 들고 마시는 것보다 빨대로 쪽쪽 빨아 먹어야 제맛이다. 그런데 나무도 빨대로 음료를 마시는 것처럼 흙 속의 수분을 쪽쪽 빨아 먹는다.

물은 농도가 낮은 쪽이 농도가 높은 쪽으로 이동하면서 서로 간의 농도를 똑같이 하려는 성질을 갖는다. 그런데 뿌리에 포함된 수분은 흙 속에 함유된 수분보다 그 농도가 높다. 덕분에 흙 속의 수분은 양분과 함께 뿌리 속으로 흡수된다.

흡수된 수분은 줄기에 포함된 물관을 통해 끌어올려진다. 이때 물을 끌어올리는 힘은 다른 물체에 달라붙으려는 물의 성질 덕분이다. 수조에 빨대를 꽂으면, 수조의 물 높이보다 빨대 안쪽에 찬 물의 높이가 더 높은 것을 볼 수 있다. 이는 빨대의 안쪽으로 물이 달라붙었기 때문이다. 특히나 이런 현상은 빨대의 관 넓이가 좁을수록 두드러지게 나타난다. 빨대의 관이 작으면 단위 면적당 달라붙을 수 있는 면적이 더 넓어지기 때문이다. 그래서 식물의 줄기에는 가는 물관이 무수히 나 있다. 이러한 원리를 '모세관 현상'이라고 한다.

이렇게 끌어올려진 수분은 줄기로 올라가 나무의 몸 속을 청소하고, 촉촉하게 적셔주고, 세포를 탱탱하게 만들고, 잎에서 양분을 만드는 것을 도와준다. 그런 뒤에 물은 잎 뒷면에 있는 기공으로 빠져나와 공기 속으로 날아간다. 이것을 '증산작용'이라고 한다. 한번 빨대로 음료를 빨아 먹으면 계속해서 음료가 끌어 올라오는 것처럼, 줄기 밑에 있는 수분이 계속해서 끌어올려진다. 이러한 원리로 나무는 수분을 흡수하며 생명을 유지한다.

딸기나무는 겉씨식물일까, 속씨식물일까?

일반적으로 동물은 암컷보다 수컷이 더 화려하다. 화려한 몸짓으로 암컷을 유혹하기 위해서다. 꽃이 화려하고 아름다운 것도 다르지 않다. 동물처럼 마음대로 움직일 수 없는 식물은 종족 번식을 위해 꽃을 피워 새나 곤충을 불러들인다.

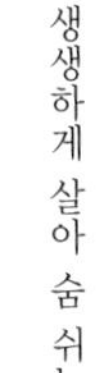

꽃의 구성 요소

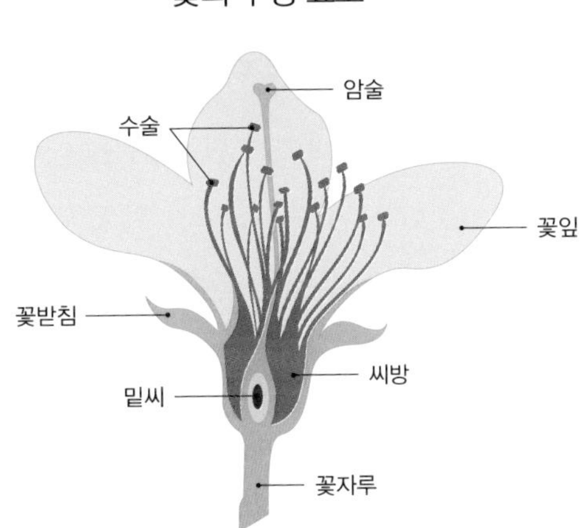

식물의 생식기관인 꽃은 암술과 수술, 그리고 이를 보호하는 꽃잎과 꽃받침으로 이루어져 있다. 그리고 꽃 안의 꿀샘에는 달콤한 꿀이 가득한데, 새나 곤충은 바로 이 꿀을 먹기 위해 꽃으로 모여든다. 물론 꽃이 화려한 것도 새나 곤충들의 눈에 잘 띄기 위함이다. 그런데 받는 것이 있으면 주는 것도 있어야 하는 법, 동물이 꿀을 맛있게 먹는 동안 수술의 꽃밥 안에서 만들어진 꽃가루가 이들의 몸에 달라붙는다. 그리고 동물이 이동할 때, 다른 꽃의 암술머리에 떨어지면서 '수분'이 이루어진다.

수분이란 동물로 말하자면 수정과 같은 것이다. 수분이 이루어지고 나면 암술의 씨방이 자라면서 열매가 열린다. 열매는 외과피, 중과피, 내과피로 이루어져 있는데, 사과로 치면 외과피는 껍질이고, 우리가 먹는 사과의 과육은 중과피에 해당한다. 그리고 내과피는 씨앗을 둘러싼 단단한 껍질을 이른다. 씨앗이 과육으로 둘러싸여져 있는 이유는, 씨앗을 보호하고 씨앗이 자랄 수 있는 영양분을 주기 위해서다.

식물은 크게 속씨식물과 겉씨식물로 나뉜다. 여기서 말하는 씨는 열매 속에 들어 있는 씨앗이 아니라 밑씨를 말한다. 밑씨란 식물의 생식기관으로 수정 후에 씨앗이 되는 부분이다. 이 밑씨가 씨방 속에 들어 있으면 속씨식물, 그렇지 않으면 겉씨식물에 해당된다. 딸기는 씨앗이 겉으로 들어나 있지만 씨방 속에서 만들어진 열매이기 때문에 속씨식물에 속한다. 딸기처럼 열매의 껍질이 얇은 것을 '수과(瘦果)'라고 하는데, 해바라기도 딸기처럼 껍질이 얇아 씨같이 보이나 열매이다.

치타가 멸종 위기에 처한 이유는?

중세 유럽의 왕들은 자신들의 고유한 혈통을 유지하기 위해 같은 왕족끼리, 심지어 남매끼리 결혼하는 경우가 종종 있었다. 그러나 유전자가 비슷한 친척끼리 결혼하는 것은 오히려 혈통을 망치는 일이다.

유전자는 우성과 열성으로 구분된다. 보통 유전병은 열성 유전자에 속하는데, 우성과 열성이 만나면 열성은 우성에 가려 그 성질을 나타내지 못한다. 그런데 유전자가 비슷한 근친끼리 결혼하면, 그 자손은 동일한 열성 유전자를 보유할 가능성이 높아진다. 때문에 중세 유럽의 왕족들은 유전병에 시달리는 경우가 많았다고 한다. 더구나 근친끼리 결혼하면 다른 좋은 우성 유전자를 받아들이지 못하면서 도태되고 만다.

고대 이집트의 왕실에서도 파라오들이 신으로 간주되었기 때문에 왕가 혈통의 순수 보존을 위하여 왕족 내에서의 근친혼만이 허용되었다. 그래서 이들 파라오의 유골이나 미이라에서는 근친혼으로 생긴 프롤리히 유전병 등 갖가지 기형의 흔적들이 보고되고 있다.

치타가 멸종 위기에 처한 것도 마찬가지 이유다. 오늘날 치타는 서식처가 줄어들고 사자나 하이에나 등 다른 동물들과의 경쟁에 밀려 개체수가 급격히 줄어든 상태다. 그래서 남아있는 치타들은 대부분 서로 친족 관계라고 한다. 때문에 과학자들은 치타가 머지않아 지구상에서 사라질지 모른다고 경고하고 있다.

그런데 이 세상의 모든 생물이 종족 번식을 하기 위해 암수생식을 하는 것은 아니다. 생물 중에는 무성생식을 하는 생물도 있다. 아메바나 세균은 대표적인 무성생물이다. 이들은 자기의 몸을 반으로 나누어 번식을 한다. 이와 같은 방법을 '이분법'이라 하는데, 이분법을 하는 생물에게는 따로 어미와 자식의 구분이 없다.

이에 반해 효모나 히드라는 몸에 난 일부를 떼어 새로운 개체를 만든다. 이와 같은 방법을 '출아법'이라고 하는데, 비록 같은 무성생식을 하지만 출아법의 경우 어미와 자식의 구분은 있다. 이밖에 곰팡이나 버섯은 몸의 일부에서 생성된 포자를 내보낸다. 그리고 이 포자는 적당한 조건에서 발아하여 새로운 개체를 이룬다. 대부분의 식물은 잎이나 줄기, 뿌리에서 모든 기관이 자랄 수 있는 '전분화능'을 가지고 있다. 즉 어떤 세포로도 분화할 수 있는 능력을 말한다. 가령 뿌리를 나누거나 줄기를 구부려 땅 속에 심으면 새로운 개체로 자라나는 것이다.

새들의 몸에는 나침반이 내장되어 있다?

인류가 다른 생물과의 경쟁에서 이길 수 있었던 이유 중 하나는 정착생활을 한 덕분이다. 신석기 시대에 접어들면서 인류는 농사를 짓게 되었고 한 곳에 머물러 살기 시작했다. 이후 인류는 집을 짓고 도시를 건설하며 찬란한 문명을 꽃피울 수 있었다.

그러나 농사를 짓지 못하는 동물들은 먹을 것을 찾아 이곳저곳을 떠돌아 다녀야만 한다. 특히 새들은 계절의 변화에 따

라 수십에서 수백만 킬로미터까지 이동하기도 하는데, 이렇게 이동을 하는 새들을 '철새'라고 부르고, 한 곳에 머물러 사는 새를 '텃새'라고 한다.

철새의 이동은 한때 동물 세계 최대의 불가사의 중 하나였지만, 많은 학자들이 수세대에 걸쳐 애쓴 덕에 많은 부분이 밝혀지게 되었다. 철새가 먼 곳까지 이동하면서도 방향을 잃지 않는 비결은 여러 가지가 있다.

우선 철새들은 태양과 달을 나침반처럼 이용한다. 해가 뜨고 지는 방향을 읽거나 별을 보고 이동을 한다고 한다. 또, 자기장의 영향을 받기도 하며 바람의 방향을 읽고 목적지를 계산해내기도 한다. 그러나 이것만으로는 새들이 정확히 길을 찾아내는 것을 설명하긴 힘들다.

그래서 새들의 유전자 속에 이동 경로가 입력되어 있다고 주장하는 학자들도 있다. 바로 본능적 감각과 학습된 경험이다. 학자들의 말에 따르면, 한 번 이동한 경로는 그대로 머릿속에 입력되어 유전자를 통해 다음 세대에 전해진다고 한다. 때문에 태어난 지 얼마 되지 않은 새들도 무리 속에 섞여 먼 곳을 이동할 수 있다고 한다.

바다 속 플랑크톤이 구름을 만든다?

과거, 지구상에는 거대한 생물들이 많았다. 코끼리보다도 훨씬 큰 공룡들이 즐비했고, 나무늘보조차도 매우 크고 난폭했다. 하지만 예나 지금이나 지구상에서 가장 큰 생물은 흰긴수염고래이다. 지금까지 발견된 가장 큰 흰긴수염고래는 몸길이 31m에 몸무게도 200톤에 달한다고 한다. 그런데 정작 이 거대한 고래를 먹여 살리는 것은 너무도 작은 플랑크톤이다.

플랑크톤은 스스로 움직이지 못하고 해상 위에 둥둥 떠다니는 부유생물을 통칭하는 말이다. 플랑크톤은 광합성을 하면서 스스로 생명을 유지하는 식물성 플랑크톤과 박테리아 등 작은 생물을 잡아먹고 사는 동물성 플랑크톤으로 나뉜다.

이 중 식물성 플랑크톤은 수많은 생물들의 먹이가 될 뿐만 아니라, 광합성을 통해 우리가 호흡하는 산소의 절반 이상을 생산해낸다. 식물성 플랑크톤은 강한 자외선으로부터 보호하기 위해 황이 포함된 화합물(DMSP)을 만들어 세포벽을 두껍게 한다. 이때 바다 속의 박테리아가 화합물을 분해하고, 분해되면서 발생되는 가스가 하늘로 올라가 산소와 만나면서 구름을 만드는 씨앗 역할을 한다.

그러나 식물성 플랑크톤이 반드시 좋은 역할만 하는 것은 아니다. 지구온난화로 불어난 플랑크톤은 햇빛이 바다 속으로 침투하는 것을 막아, 해초류 등 바다 속 식물이 광합성을 하는 것을 막는다. 또 물고기의 아가미에 들러붙어 물고기의 생명을 위협하기도 한다.

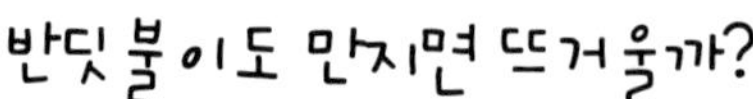

우리 인간은 스스로를 다른 생물보다 더 뛰어난 존재라고 생각한다. 그러나 이것은 착각에 불과하다. 비행기가 만들어지기 전에 새와 곤충은 이미 하늘을 날고 있었고, 전기의 원리를 깨우치기 전에 전기뱀장어와 같은 동물은 전기를 이용해 사냥을 해왔다. 또 반딧불이와 같은 생물들은 스스로 빛을 내 밤하늘을 비춘다.

비단 반딧불 외에도 하등 동물에서 고등 동물까지, 심지어 버섯과 같은 균류와 미생물까지도 스스로 빛을 낼 줄 안다. 이와 같이 생물 스스로 빛을 내는 것을 '생물 발광'이라 한다. 대개 생물 발광을 하는 생물들은 몸속의 발광기관에서 일어나는 화학반응을 통해 빛을 내는데, 균류와 미생물은 따로 발광기관을 갖지 않고 세포 속에 있는 발광물질을 산화하여 빛을 낸다. 새우나 꼴뚜기 등은 직접 발광을 하진 못하지만, 몸에 붙은 기생충이나 세균이 발광을 하면서 스스로 빛을 내는 것처럼 보이기도 한다.

그런데 이렇게 생물이 내는 빛은 형광등이나 전구가 내는

빛보다도 더 우수한 것이다. 보통 에너지가 빛에너지로 전환하는 과정에서 상당 부분이 열에너지로 전환된다. 그래서 형광등을 오래 켜놓고 있으면 등이 뜨거워지는 것이다. 그러나 생물 발광의 경우는 그 효율이 100퍼센트에 가깝다. 에너지가 고스란히 빛으로 전환된다는 의미다. 따라서 반딧불이는 만지더라도 전혀 뜨겁지 않다. 오늘날 우리 인간도 생물 발광의 원리를 이용하기 시작했는데, 야광봉, LED TV 등이 바로 그것이다.

몸짱이 되기 위해서는 먹어야 한다?

우리 속담 중에는 '먹는 게 남는 것' '먹다 죽은 귀신이 때깔도 좋다' 등 유독 먹는 것에 관한 속담이 많다. 음식은 피가 되고 살이 되기 때문이다. 그런데 먹는다고 다 피가 되고 살이 되는 것은 아니다.

우리 몸의 67퍼센트 이상은 물로 구성되어 있다. 나머지는 단백질과 지방이 대부분이고, 그밖에 비타민과 무기 염류, 탄수화물 등으로 이루어져 있다. 이 중 단백질은 우리 몸을 구성하는 핵심 영양소다. 단백질은 피부와 근육은 물론이고 뼈, 혈

액, 머리카락, 손톱, 호르몬, 효소, 항체 등 신체 모든 기관과 세포를 구성한다.

이에 반해 우리 식단의 대부분을 차지하는 탄수화물이 우리 몸에서 차지하는 비율은 고작 1퍼센트 정도다. 섭취된 탄수화물의 대부분은 에너지로 소비되기 때문이다.

탄수화물과 마찬가지로 지방도 주로 에너지원으로 쓰인다. 특히 지방의 발생 에너지는 탄수화물의 2배에 가까운 매우 고효율이다. 또한 소비되고 남은 지방은 체내에 축척되어 비상시에 대비하거나 체온을 유지하는 데 쓰이는데, 탄수화물, 단백질 중에도 미처 소비되지 못하고 남은 것이 있으면 지방의 형태로 전환된다. 바로 이런 이유로, 필요 이상의 영양분을 섭취하면 과다한 지방이 체내에 쌓이면서 비만에 이르게 된다. 따라서 몸짱이 되기 위해서는 음식의 섭취량을 조절해야 하는데, 그렇다고 무조건 안 먹는 것만이 능사는 아니다.

진정한 몸짱이 되기 위해서는 다이어트 중에도 단백질은 꾸준히 보충해주어야 한다. 우리 몸은 탄수화물-단백질-지방 순으로 에너지화되는데, 무작정 굶다보면 지방이 연소되기 전에 단백질로 이루어진 근육과 신체조직이 손상되어 몸이 망가질 수 있기 때문이다.

매운 음식을 먹으면 땀이 나는 이유는?

무더운 여름, 마당에 물을 뿌리면 시원해지는 것을 느낄 수 있다. 물이 증발하면서 주변의 열도 함께 가지고 가기 때문이다. 우리 몸에 땀이 나는 것도 마찬가지 이유이다.

우리 몸은 만화 영화에 나오는 우주 전함과도 같다. 적에게 공격을 당하면 전함에 타고 있는 군인들이 바쁘게 움직이며 적의 공격에 대비하는 것처럼, 운동을 하거나 몸에 위기 상황이 발생하면 혈액이 빠르게 순환하고 신체기관들은 바삐 움직인다. 이 과정에서 몸에서는 열이 발생한다. 이런 이유로, 우리 몸은 땀을 발생시켜 체온이 올라가는 것을 막는다.

매운 음식을 먹을 때 땀이 나는 것도 마찬가지 이유에서다. 우리 혀가 느끼는 맛은 크게 쓴맛, 단맛, 짠맛, 신맛의 4가지다. 최근에는 감미로운 맛이 혀가 느끼는 하나의 맛으로 자리잡고 있다. 그런데 매운 맛은 맛이 아닌 통증으로 감지한다. 때문에 매운 음식을 먹으면, 우리 몸은 비상사태에 들어간다. 그 바람에 몸에서 열이 발생하면서 땀이 나는 것이다.

매운 음식을 먹을 때뿐만 아니라 무서운 영화를 보거나 깜짝 놀랐을 때도 땀이 나는 경우가 있는데, 이렇게 자율신경계에 의해 반사적으로 일어나는 일들은 우리 몸의 활동을 정상적으로 유지시키기 위한 것이다.

한편, 땀은 몸속에서 만들어진 배설물을 외부로 배출시키는 역할도 한다. 또, 피부가 건조해지는 것을 막고, 소금과 같은 성분도 함께 배출시키면서 피부 소독도 해준다. 그런데 좋은 것도 지나치면 독이 되는 법, 사우나 같은 곳에서 억지로 땀을 빼는 것은 오히려 몸에 해로울 수 있다. 과다하게 땀을 흘리다보면 몸속의 노폐물뿐만 아니라, 우리 몸에 유익한 칼슘, 마그네슘과 같이 유익한 성분까지도 함께 빠져나가 버리기 때문이다.

지문은 도대체 왜 있는 걸까?

미궁에 빠진 사건을 범인이 남긴 지문 덕분에 쉽게 해결하는 경우를 종종 볼 수 있다. 때문에 범인들은 지문을 남기지 않기 위해 장갑을 끼기도 하는데, 최근에는 장갑의 무늬로도 그 출처를 파악하는 기술이 개발되었다니 그야말로 범죄자들이 빠져나갈 구멍은 없어 보인다.

지문이란 손가락 끝마디의 바닥면에 있는 무늬를 말한다. 지문은 땀샘 부분이 주위보다 솟아 올라 생긴 것으로, 이것이 서로 이어지면서 지문의 형태를 이룬다. 그런데 지문은 사람마다 그 모양이 서로 다르다. 또한 평생 동안 크게 변하지도 않는다. 심지어 상처가 나더라도 상처가 아물면 지문의 모양

도 원래의 모습으로 돌아온다. 그래서 지문은 사람의 신원을 확인하는 데 유용하게 쓰인다.

물론 지문이 있는 이유가 사람의 신원을 확인하기 위해서는 아닐 것이다. 지금까지 지문은 신발의 울퉁불퉁한 바닥과 같은 역할을 한다고 알려졌다. 즉, 마찰력을 늘려 미끄러지지 않고 물건을 집을 수 있도록 한다는 것이다.

그런데 최근에는 지문의 돌기가 일종의 센서 역할을 하면서 촉각을 예민하게 만든다는 주장이 제기되고 있다. 이밖에 지문의 융기는 충격을 완화시켜주는 역할을 하며, 지문의 골은 배수구의 역할을 해서 땀이나 습기에 손가락이 미끄러지지 않게 한다는 주장도 있다.

어른이 되면 왜 키가 자라지 않을까?

양귀비를 모르는 사람은 없을 것이다. 양귀비는 중국 미인의 대명사로 통한다. 하지만 시대가 바뀌면서 미의 기준도 바뀐다. 천하의 양귀비도 오늘날의 기준으로 보면 미인이 아니라고 한다. 그녀는 약간 통통한 몸매에 작고 가는 눈매를 가졌다. 오늘날에는 작은 얼굴과 함께 큰 키가 미의 기준으로

자리 잡고 있다.

관절과 직접 연결되어 있는 뼈의 끝부분에는 말랑말랑한 연골이 있다. 흔히 이것을 '성장판'이라고 한다. 성장판은 점차 자라면서 골질로 변하는데, 이렇게 뼈가 길어지면서 키가 자라게 된다. 그런데 성인이 되면 남성의 경우 테스토스테론, 여성의 경우 에스트로겐이라는 호르몬이 분비되면서 성장판은 단단한 뼈로 변하기 시작한다. 그리고 성장판이 완전히 단단한 뼈가 된 뒤에는 더 이상 키가 자라지 않게 된다.

성장판은 보통 17~18세 무렵에 닫힌다. 그러나 빨리 어른이 되는 성조숙증으로 그보다 일찍 성장판이 닫히는 경우가 있다. 이런 경우 조속히 병원에서 치료를 받아야 한다. 성장 호르몬을 이용하여 성장판이 닫히는 속도를 늦출 수 있기 때문이다. 물론 성장판이 완전히 닫힌 후에는 성장 호르몬 치료를 받더라도 효과가 없다.

한편, 거인증이란 성장 호르몬이 과다하게 분비되어 계속해서 뼈가 자라는 증상을 말한다. 그래서 거인증에 걸린 사람들은 키가 2m를 훌쩍 넘는 경우가 대부분이다. 물론 키가 크다고 무조건 거인증에 걸렸다고 볼 것은 아니다. 거인증 환자 중에는 성장판이 닫혀 키는 크지 않고 호르몬 과다분비에 따른 이상 질환만 보이는 경우가 종종 있다.

사람의 몸에 털이 사라진 이유는?

우스갯소리로 몸에 털이 많은 사람들을 보고 진화가 덜 되었다고 이야기한다. 특히나 배나 가슴에 털이 난 사람을 이상하게 보기도 하는데, 이것은 편견에 불과하다. 몸에 털이 많이 나는 것은 호르몬이나 유전에 따른 영향이다. 또한 인종 간에도 털이 나는 정도가 조금씩 다르다. 동양인의 경우 몸에 털이 많이 나지 않는 편에 속한다.

털은 외부로부터 피부를 보호하고, 체온을 유지시켜 주는 역할을 한다. 특히 머리에 난 털은 외부의 충격으로부터 뇌를 보호하는 역할을 한다. 이밖에 콧구멍이나 귓구멍에 난 털은 외부의 먼지가 체내에 들어오는 것을 막아준다.

그런데 자세히 보면 우리의 몸 전체에 가늘고 짧은 털이 무수히 나 있는 것을 볼 수 있다. 이는 우리 인간도 아주 오래전에는 원숭이처럼 온몸이 털로 뒤덮여 있었다는 증거가 된다. 인류의 기원이라 할 수 있는 오스트랄로피테쿠스는 온몸이 털로 수북이 덮여 있었다고 한다.

인간의 털이 퇴화된 이유로는 여러 가지 주장이 있다. 그 중 가장 설득력 있는 것은 피부가 냉난방시스템을 갖추기 위해 진화됐다는 설이다. 우리 조상은 직립보행을 하게 되면서 밀림에서 벗어나 평야로 나오게 됐고, 이때 서서히 털의 역할이 바뀌었다는 것이다. 피부를 보호하기 위한 굵은 털은 가늘고 짧아졌고, 대신 털구멍 자리에 지방조직과 땀샘이 발달해서 더위와 추위에 견디도록 했다. 말하자면 털이 없는 것이 아니라 퇴화했다는 표현이 맞는 것이다.

또 털 속에서 기생하는 벌레들로부터 몸을 보호하기 위해 퇴화되었다는 주장도 있다. 인간이 한때 물에서 산 적이 있다고 믿는 학자들은 헤엄을 잘 치기 위해서 털이 퇴화되었다고 주장하기도 한다.

그런데 손바닥과 발바닥에는 털이 나 있지 않다. 이것은 털

이 많은 짐승들도 마찬가지다. 손바닥과 발바닥은 물건을 잡거나 지면에 맞닿아 계속적으로 마찰이 일어나는 곳이기 때문에 털이 날 겨를도 없고, 털이 날 필요도 없는 것이다.

미인은 정말 잠꾸러기일까?

동서양을 막론하고, 포로나 죄인의 자백을 강요하기 위해 수많은 고문이 행해졌다. 개중에는 차마 말로 표현하기 힘들 정도로 잔인한 고문들이 많았다. 일제 강점기 시절, 우리의 선조들은 이런 고문을 이겨내며 조국의 독립을 위해 싸웠다. 그런데 고문 중에서도 가장 잔인한 고문은 다름 아닌 잠을 못 자게 하는 것이라고 한다.

지구상의 포유류와 조류는 모두 잠을 잔다. 포유류에 속하는 우리 인간도 예외는 아닌데, 물만 있으면 음식을 먹지 않고도 한 달을 넘게 버틸 수 있지만, 잠을 안 자고는 그보다 오래 버틸 수 없다고 한다. 지금까지 가장 오랫동안 잠을 자지 않고 버틴 기록도 11일에 불과하다.

잠의 가장 주요한 기능은, 우리의 신체를 회복시켜 주는 것이다. 신체 활동이 활발한 낮 시간 동안, 우리 몸에는 각종 노

폐물이 쌓인다. 밤이 되면 피로해지는 것은 이러한 노폐물이 체내에 쌓였기 때문이다. 잠을 자면 이러한 노폐물이 더이상 쌓이지 않고 분해된다.

이밖에도 잠은 우리의 몸에 매우 긍정적인 영향을 끼친다. 잠을 자는 중에는 우리 몸에 이로운 물질이 생성되는데, 특히 수면 중에 분비되는 성장 호르몬은 성장기 어린이의 발육을 촉진시키고, 성인에게는 손상된 피부를 회복하고 신진대사를 원활하게 해주는 기능을 한다. 때문에 '미인은 잠꾸러기'라는 말이 생겨나기도 했는데, 엄밀히 말해 미인은 잠꾸러기가 아니라 잠꾸러기가 미인이 될 가능성이 높은 것이다. 또, 잠은 뇌의 휴식을 도와 다음날 정신이 맑게 해주고, 뇌의 기억활동도 원활하게 해준다.

흔히 잠을 안 자면 활동량이 늘어나 다이어트에 도움이 되지 않을까 싶지만, 신체가 휴식을 취하지 못하고 재생에너지가 부족해지면 체지방보다 근육량이 줄어들기 때문에 일시적으로는 살이 빠지는 것처럼 느껴질 수 있으나 탄력이 떨어지고 노화가 쉽게 일어나 오히려 금방 요요현상을 맞이하게 된다고 한다.

수면은 그 단계에 따라 크게 비렘수면(NREM)과 렘수면(REM)으로 나뉜다. 비렘수면기에는 뇌의 활동이 저하되고 신체의 기능이 회복된다. 그리고 렘수면기에는 뇌의 활동이 다시 정상적으로 돌아오는데, 우리가 꿈을 꾸는 때는 바로 뇌의 활동이 활발해지는 렘수면기이다.

심장은 정말 단 한번도 쉬지 않을까?

컴퓨터를 구성하는 여러 부품 중에 가장 중요한 부분은 역시 파워일 것이다. 아무리 고가의 CPU를 장착하고 성능 좋은 비디오 카드를 끼워 넣었더라도 파워를 통해 전력이 공급되지 않으면 무용지물에 불과하기 때문이다. 심장도 온몸에 혈액을 통해 영양물질을 공급하므로 컴퓨터의 전원 장치와 같은 역할을 한다.

왼쪽 가슴 아래 위치하며, 좌심실, 좌심방, 우심실, 우심방의 네 개의 방으로 이루어져 있다. 심장은 1분에 60~80회 뛰며 우리 몸에 피가 돌 수 있도록 해준다. 먼저 좌심실은 동맥을 통해 피를 내보낸다. 그리고 동맥을 통해 나간 피는 모세혈관을 통해 온몸에 산소를 전달한 뒤 정맥으로 돌아온다. 이때 정맥에 있는 판막은 피가 거꾸로 흐르는 것을 막아준다. 정맥을 통해 우심방에 모인 피는 우심실을 거쳐 폐로 전달된다. 폐에서 산소를 보충한 피는 좌심방으로 전해지고, 좌심방은 다시 좌심실로 피를 내보낸다. 우리가 살아 있는 동안 이러한 과정은 쉼 없이 반복된다. 만약 심장이 동작을 멈춘다면 그것은 곧 죽음을 의미한다. 의학적으로도 죽음이란 호흡과 심장이 영구히 정지하는 것을 말한다.

그런데 심장이 멈춘 사람의 가슴에 전기 충격을 가해 심장의 박동을 살리는 경우를 종종 볼 수 있다. 이렇게 해서 심장이 다시 뛰게 되었더라도 안심할 수는 없다. 심장이 멈추면 뇌로 전해지는 산소의 공급도 멈추는데, 뇌세포는 30초 정도만 산소 공급이 되지 않아도 파괴되기 시작하기 때문이다. 그리고 4분여가 지나면 회복할 수 없을 정도의 상태가 되는데, 이때 다시 심장이 박동을 시작한다고 해도 식물인간이나 뇌사 상태에 이를 가능성이 높다.

식물인간이란 대뇌에 심각한 손상을 입어 모든 인지기능이 소실된 경우를 말한다. 환자는 의식이 없고, 외부 환경과 자극에 대해 반응하는 능력이 없다. 하지만 뇌간이 손상 받지 않았기에 잠을 자고 깨는 행위, 무의식적 반사 반응, 위장 운동, 호흡과 심장 운동은 스스로 할 수 있다. 즉 외부에서 생명에 필요한 영양 공급이 있다면 다른 기계의 사용 없이 생명을 유지할 수 있다. 반면 뇌사는 뇌가 완전히 그 기능을 멈춘 경우를 말한다. 뇌간을 포함한 모든 뇌 기능이 정지해 절대 되돌아올 수 없는 상태이다. 식물인간과 달리 뇌간의 기능이 정지하여 기계의 도움 없이는 호흡이나 심장 박동을 할 수 없다.

식물인간과 뇌사의 뇌 손상 부위

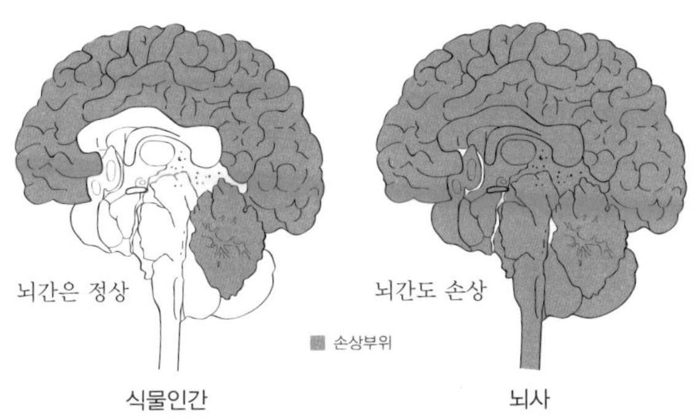

숨을 쉬지 않으면 죽는 이유는?

일반적으로 사람은 1분 이상 숨을 참기 힘들다. 그러나 제주의 해녀들은 2분 이상 잠수하는 것이 기본이고, 독일 출신의 톰 시에타스라는 남자는 물 속에서 무려 15분 이상을 버티기도 했다. 하지만 아무리 오래 숨을 참을 수 있더라도, 숨을 쉬지 못하면 죽음에 이르기는 마찬가지다.

호흡은 크게 '외호흡'과 '내호흡'으로 나뉜다. 외호흡이란 산소를 폐나 아가미까지 전달하고 이산화탄소를 몸 밖으로 내보내는 일련의 과정을 말한다. 일반적으로 숨을 쉰다고 말하는 것은 바로 외호흡을 말하는 것이다.

내호흡은 외호흡에 의해 전해진 산소를 이용해 에너지를 만들고, 이산화탄소와 물을 방출하는 세포의 활동을 말한다. 그리고 외호흡이 멈추면 세포는 더 이상 산소를 공급받지 못하면서 활동을 멈추게 된다. 만약 이러한 상태가 지속되면, 세포는 큰 손상을 입고 죽게 되는데, 생물이 죽는 것은 바로 이러한 원리에 따른 것이다.

그런데 모든 생물이 산소를 이용한 호흡을 하는 것은 아니다. 효모와 박테리아 같은 일부 미생물들은 산소 대신 이산화탄소, 황산이온 등을 이용해 호흡을 한다. 이러한 호흡을 '무기호흡'이라고 하고, 산소를 이용한 호흡을 '유기호흡'이라고 하는데, 무기호흡은 유기호흡보다 효율이 매우 떨어진다. 그래서 포유류와 같은 고등 생물은 무기호흡으로 생명을 유지할 수 없다.

자기가 듣는 자기 목소리는 진짜가 아니다?

사진 기술이 발달하기 전까지 사람들은 자기의 진짜 모습을 알지 못했을 것이다. 거울이나 물에 비친 모습은 좌우가 바뀌어 실제 모습과 다르기 때문이다. 그런데 목소리도 마찬가지다. 녹음기가 나오기 전까지 사람들은 자신의 목소리가 다른 사람들에게 어떻게 들리는지 알지 못했다.

소리는 공기를 거쳐 우리 귀로 전달된다. 그리고 귓속으로 들어온 소리는 고막에 전달되고, 고막은 소리에너지를 기계에너지로 바꾸어 달팽이관에 전달한다. 달팽이관은 이렇게 전달된 기계에너지를 주파수별, 크기별로 구분하여 신경에너지로 바꾸는데, 바로 이 신호가 뇌에 전달되면서 우리는 비로소 소리를 듣게 된다.

그런데 자신의 목소리를 들을 때는 입에서 난 소리가 공기를 통해 귀에 전해지는 동시에 얼굴뼈를 통한 울림도 직접 우리 귓속으로 전해진다. 이 두 가지 소리가 합쳐져 들리면서, 우리는 자기 목소리를 실제와 다르게 듣게 되는 것이다. 녹음기에서 나오는 목소리가 평상시 자기가 알던 목소리와 다르게 들리는 것은 바로 이런 이유다. 물론 녹음기에서 들리는 목소리가 진짜 목소리다.

귀는 크게 외이, 중이, 내이로 나뉜다. 귓바퀴와 외이도(귓구멍)를 포함하는 외이는 소리를 모아주는 역할을 하고, 고막과 청소골, 유스타키오관이 자리 잡은 중이는 소리의 울림을 감지하여 증폭시키는 역할을 한다. 마지막으로 달팽이관과 세반고리관, 전정기관이 자리 잡은 내이는 소리를 뇌에 전달하고 회전감각과 위치감각을 조절하는 역할을 맡는다.

사랑니는 왜 나는 걸까?

일반적으로 이는 윗니 아랫니 포함해서 모두 32개가 난다. 이 중 각각 가장 가장자리에 난 4개의 어금니를 사랑을 알게 되는 사춘기 즈음에서 난다고 하여 '사랑니'라고 부른다.

하지만 사랑니는 그 이름만큼이나 낭만적이진 못하다. 맨 가장자리에 나는 바람에 이가 나는 과정에서 큰 통증을 유발하고, 나온 뒤에도 칫솔이 잘 닿지 않아 곧잘 썩고 만다. 그리고 무엇보다 음식을 씹을 때 쓰이는 경우는 거의 없어 쓸모없게 여겨진다. 그래서 요즘엔 멀쩡한 사랑니를 뽑기도 하는데, 사랑니도 어금니로서의 역할을 충분히 한 적이 있었다.

인류가 문명을 이룩하기 전, 당시 사람들은 억센 풀과 익히지 않은 질긴 고기를 먹는 경우가 많았다. 때문에 당시 사람들의 턱은 지금보다 넓었고, 사랑니도 음식을 씹는 데 매우 유용했다.

인류가 진화함에 따라 뇌는 점차 커져서 얼굴의 위치는 보다 아래쪽으로, 그리고 안쪽으로 이동했다. 원시인이 완전히 직립 자세로 걷게 되었을 때부터 얼굴 구조에는 더욱 큰 변화가 일어났다.

초기 인류의 특징인 튀어나온 턱뼈는 점차 뒤로 물러나고, 턱 자체가 짧아짐으로써 사랑니가 있어야 할 장소가 없어졌다. 많은 현대인의 턱에 전혀 쓸모없는 것이 되어버린 네 개나 되는 사랑니가 들어갈 자리가 없어진 것이다.

사랑니 말고도 우리 몸에 불필요하게 여겨지는 기관은 또 있다. 바로 맹장이다. 소장의 끝부분에서 대장으로 이어지는 부분에 위치한 맹장은, 소장에서 대장으로 넘어가는 소화물이 거꾸로 흐르는 것을 방지하고 식물의 섬유소를 분해하는 역할을 한다. 그래서 맹장은 초식 동물에게 잘 발달되어 있는데, 초식의 비중이 높았던 우리 인간에게도 맹장은 매우 중요한 소화 기관 중에 하나였다. 하지만 고기를 먹는 비중이 늘어나면서 인간의 맹장은 점차 퇴화되었다.

이런 맹장은 우리 몸에서 아무 쓸모가 없다고 알려져 있었다. 진화론을 창시한 찰스 다윈에 따르면 인간을 포함한 영장류의 식생활이 바뀌면서 맹장이 기능을 잃고 흔적기관으로만 남게 됐다는 것이다. 그러나 현대의 과학자들은 맹장은 영장류뿐 아니라 다양한 동물에게서 발견되며, 면역체계를 유지하는 역할을 한다고 주장한다.

미국 듀크대 의대의 빌 파커 교수팀은 대형 영장류뿐 아니라 동물 361종을 조사해 50종이 맹장을 갖고 있다는 사실을 밝혀냈다. 비버, 코알라 등도 맹장이 있는 것으로 나타났다. 그렇다면 맹장이 하는 역할은 무엇일까?

연구팀은 대장의 소화 과정에 중요한 역할을 하는 갖가지

유익한 박테리아들이 아메바성 이질 등의 질병으로 죽거나 몸 밖으로 방출되었을 때 이 박테리아들을 다시 만들어 보충해주는 곳이 맹장으로 생각된다고 말한다. 또한 맹장은 면역체계를 유지하는 장내 세균에게 피난처 역할을 하기도 한다고 발표했다.

뇌를 다치면 거인이 될 수 있다?

전략 시뮬레이션 게임 '스타크래프트'의 마린은 스팀팩을 맞으면 잠시 동안 강한 공격력을 발휘한다. 스팀백은 일종의 흥분제로, 중추신경계에 작용하여 혈압을 높이고 호흡운동을 왕성하게 하여 일시적으로 뇌와 신체의 기능을 활발하게 한다. 그런데 우리 몸은 평상시에도 스팀팩과 같은 물질을 분비하면서 몸 안의 생리작용을 조절하고 있다. 그것은 바로 '호르몬'이다.

호르몬은 '자극하다'라는 뜻을 가진 그리스어에서 유래되었다. 호르몬은 뇌하수체, 갑상선, 이자, 정소, 난소와 같은 내분비기관에서 만들어져 혈액이나 림프액에 포함되어 온몸으로 분비된다. 그리고 특정 기관에 다다르면 작용하게 된다.

우리 몸에는 다양한 종류의 호르몬이 분비되고 있다. 특히, 간뇌의 시상하부에 위치한 뇌하수체에서 주로 분비되는 성장 호르몬은 뼈의 성장과 근육 발달에 영향을 준다. 때문에 뇌하수체의 이상으로 성장 호르몬이 과다 분비되면 말단 거대증에 걸려 거인이 될 수 있으며, 부족하면 소인증에 걸려 난쟁이가 될 수 있다.

이밖에 긴박한 사태에 닥치면 콩팥의 윗부분에 위치한 부신에서는 아드레날린이 분비된다. 아드레날린은 혈압을 상승시키고 심장 박동을 촉진시키는데, 흔히 흥분을 잘하는 사람에게 아드레날린이 과다 분비된다고 말하는 것도 바로 이런 이유에서다.

또, 남자가 남자답고 여자가 여자다운 것 역시 호르몬 덕분이다. 남성의 정소와 여성의 난소에서는 각기 테스토스테론이란 남성 호르몬과 에스트로겐이란 여성 호르몬이 분비되는데, 이 덕분에 2차 성징이 일어나면서 어른이 된다.

호르몬은 그 효과가 매우 뛰어나서 적은 양으로도 큰 영향을 끼친다. 한 연구에 따르면, 일생 동안 여성의 몸에 분비되는 여성 호르몬의 양은 고작 숟가락 하나 정도밖에 되지 않는다고 한다.

두 배로 몸이 커진 앨리스는 그 자리에서 주저앉고 말 것이다?

루이스 캐럴의 동화 『이상한 나라의 앨리스』에서 앨리스는 정체불명의 약을 먹고 몸이 커져버린다. 그런데 만약 이런 일이 현실에서 일어났다면, 앨리스는 결코 무사하지 못했을 것이다.

정사각형의 변의 길이가 2배가 되면, 그 넓이는 4배가 된다. 그리고 정사각형이 입체인 정육면체라면, 그 부피는 8배가 된다. 넓이는 가로 길이와 세로 길이의 곱으로 구해지고, 부피는 넓이와 높이의 곱으로 구해지기 때문이다.

마찬가지로 앨리스가 똑같은 비율로 2배 커졌다면, 앨리스 몸의 부피는 8배가 된다. 똑같은 물질로 이루어진 물체는 부피가 커지면 무게도 똑같이 늘어난다. 따라서 앨리스의 키가 2배로 늘어나면 몸무게는 8배가 된다. 앨리스의 무게가 50kg 이었다면 2배로 커졌을 때의 몸무게는 400kg이 되는 것이다.

몸무게는 중력의 작용에 의해 발생한다. 그리고 우리가 무게를 이기고 움직일 수 있는 것은 근육의 힘 덕분이다. 그런데 근육의 힘은 근육의 길이에 관계없이 근육의 굵기에만 비례한다. 키가 큰 말랑깽이보다 키는 작지만 울퉁불퉁한 근육을 가진 사람의 힘이 더 센 것도 바로 이런 이유 때문이다.

앨리스의 몸이 2배 커졌을 때 몸무게는 8배로 늘어나지만, 근육의 힘은 4배밖에 증가하지 않는다. 따라서 몸이 커진 엘리스는 늘어난 몸무게를 이겨내지 못하고 그 자리에서 주저앉고 말 것이다.

강이나 바다에서는 물에 뜨려는 부력 덕분에 중력의 힘도 덜 작용한다. 그래서 거대한 고래가 물속에서 유유히 헤엄을 칠 수 있는 것이다. 그런데 고래가 물 밖으로 나오면 중력의 영향을 고스란히 받게 된다. 그래서 거대한 고래는 물 밖으로 나오면, 그 무게를 이기지 못하고 뼈가 부러지고 내장이 파열되면서 죽고 만다고 한다.

고흐가 노란색을 즐겨 썼던 이유는?

화가들은 저마다 좋아하는 색이 있다. 그래서 어떤 작가들은 본래의 색을 무시하고 의도적으로 자기가 좋아하는 색을 채워 넣기도 한다. 그 예로 고흐는 노란색을 즐겨 사용했는데, 사실 고흐가 노란색을 즐겨 썼던 이유는 따로 있다.

고흐는 황시증 환자였다고 한다. 황시증이란 물체가 황색으로 보이는 증상을 말한다. 그리고 황시증, 색맹, 색약 등 사

물의 본래 색을 잘 구분하지 못하는 증상들을 일컬어 '색각이상'이라고 한다. 색각이상과 같은 질병은 주로 X염색체의 이상 때문에 발생한다.

남성은 XY의 염색체를 갖고, 여성은 XX염색체를 갖는다. 그리고 X염색체에 이상이 있을 경우, 정상인 X염색체도 함께 가지고 있으면 증상은 발생하지 않지만, 그렇지 않으면 증상이 발생힌다. 따라서 XY염색체를 갖는 남성의 경우 X염색체에 이상이 있으면 증상이 나타나지만, 여성의 경우 다른 X염색체도 이상이 있어야 증상이 발생한다. 그래서 색각이상은 남성에게서 주로 나타난다.

염색체 이상은 자손에게도 영향을 끼친다. 가령 정상인 남자(XY)와 X염색체 중 하나에 이상이 있는 여자(XX) 사이에서 남자 아이가 태어날 경우, 유전병에 걸릴 확률은 50퍼센트이다. 아버지의 Y유전자와 어머니의 두 개의 X유전자 중 하나를 얻게 되기 때문이다. 그러나 딸이라면 유전병에 걸릴 확률은 0퍼센트다. 아버지의 X염색체에 이상이 없기 때문에 이상이 있는 어머니의 X염색체를 물려받더라도 보인자의 형태로 남아 증상이 발생하지 않는 것이다.

색각이상은 망막 질환, 시신경 질환 또는 당뇨병에 따른 합병증 등 후천적인 요인에 의해서도 발생하는데, 고흐의 경우는 후천적인 원인에 속한다. 고흐는 평소 작품을 그리기 전에 '압생트'라는 술을 즐겨 마셨다고 한다. 그런데 이 술에는 시신경을 망치는 독소가 포함되었다는 사실이 훗날 밝혀졌다.

O형의 피도 함부로 수혈받으면 안 된다?

혈액형을 구분하여 수혈하는 이유는, 알맞지 않은 혈액형의 피를 수혈하면 혈액이 뭉쳐 굳어버리기 때문이다. 물론 혈액이 굳으면, 환자는 곧바로 사망하고 만다.

혈액은 혈액의 응집을 일으키는 응집원과 응집원에 반응하

는 응집소를 갖는다. A형은 응집원 a와 응집소 β, B형은 응집원 b와 응집소 α, AB형은 응집원 a와 b를 가지나 응집소는 없고, O형은 응집원은 없느나 응집소 α, β를 갖는다.

만약 B형 혈액형의 환자에게 A형의 혈액을 수혈하면, A형 혈액속의 응집원 a가 B형 혈액 속의 응집소 α와 결합하여 혈액 응고를 일으킨다. 반면 O형의 혈액 속에는 응집원이 없기 때문에 O형의 혈액을 수혈받더라도 혈액의 응고가 일어나지 않는다. 대신 O형의 혈액은 α와 β의 응집소를 가지고 있어서, 다른 혈액형의 혈액을 수혈 받으면 응고가 일어난다. 즉 O형의 혈액은 주기만 하고 받지는 못하는 것이다.

그런데 아무리 O형의 혈액이라도 많은 양의 O형 혈액이 다른 혈액형의 사람에게 수혈되면, 혈액 응고가 일어날 수 있다. 많은 양의 O형 혈액이 A형 혈액의 환자 몸속에 유입되면, 마치 O형 환자의 몸속에 A형 혈액이 수혈된 결과를 낳을 수 있는 것이다. 그래서 실제 병원에서는 위급시를 제외하고는 O형의 혈액을 다른 혈액형의 환자에게 수혈하지 않는다.

한편, A형에는 AA형과 AO형이 있고, B형도 BB형과 BO형이 있다. 두 가지 형태가 각기 차이는 없지만, 결혼을 해서 아이를 갖게 되면 이야기는 다르다. 만약 AA형과 BB형이 결혼을 하면 무조건 AB형의 아이가 태어난다. 부모의 혈액형 형태 중 한 가지가 자손에게 전해지기 때문이다. 마찬가지로 AO형과 BO형이 결혼 하면 AB형뿐만 아니라 AO형, BO형, OO형도 태어날 수 있다.

또, 혈액형은 RH 성분이 있고 없음에 따라 RH^+형과 RH^-형으로 나뉘는데, 대부분 사람들의 혈액형은 RH^+형이다. 그래서 종종 TV 등에서 RH^-형의 혈액을 급히 구한다는 문구가 나오는 것을 볼 수 있다.

CHAPTER 4

두루두루 어울려 살아가는 지구과학 지도

지구의 나이는 몇 살일까?

중세의 유럽 사람들은 지구의 나이가 6천 년 정도라고 생각했다. 구약 성서에 나오는 창세기 이후 사람들의 나이를 차례대로 더해보았더니 6천 년 정도가 나왔기 때문이다. 하지만 무시무시한 티라노사우루스가 살았던 백악기만 해도 그 시기가 약 1억 3,500만 년 전부터 6,500만 년 전까지다. 그리고 그보다 훨씬 이전에도 지구상에는 수많은 동식물이 살았다.

타임머신을 타고 돌아가지 않는 한, 지구의 나이가 정확이 얼마나 되었는지 알 수 없다. 대신 지구상에 존재하는 암석의 연대를 측정하면 대략 지구의 나이를 추측해볼 수 있다. 암석의 연대는 주로 '방사성 동위원소 측정법'으로 측정한다.

지구상의 모든 물질은 안정된 상태로 돌아가려는 성질을 지녔다. 그런데 방사성 원소는 매우 불안정한 성질을 지닌다. 때문에 방사성 원소도 점차 안정된 상태의 원소로 붕괴되는데, 그 속도는 원소의 종류마다 다르지만 주위의 압력이나 온도의 영향을 받지 않고 일정하게 일어난다. 방사성 동위원소 측정법은 바로 이러한 방사성 원소의 성질을 이용한다.

방사성 동위원소 측정법으로 지구의 연령을 측정하는 데에는 우라늄 광석에 함유된 우라늄238이 주로 이용된다. 불안정한 상태의 우라늄238은 안정된 상태의 납206으로 붕괴되는

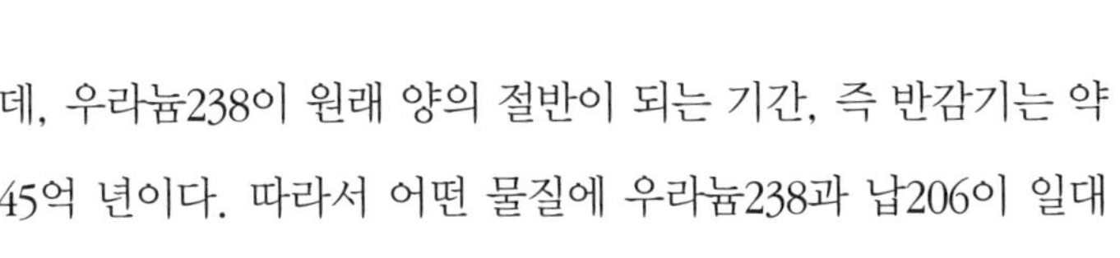

데, 우라늄238이 원래 양의 절반이 되는 기간, 즉 반감기는 약 45억 년이다. 따라서 어떤 물질에 우라늄238과 납206이 일대일로 존재한다면, 그 물질의 나이는 45억 년이 되는 것이다.

이런 방사성 동위원소 측정법에 의해 측정된 암석 중 가장 오래된 암석은 남아프리카, 남극대륙 등지에서 발견된 암석들로, 약 40억 년 전에 형성된 것으로 측정된다. 따라서 지구의 나이는 최소 40억 년 이상이 된다.

그런데 과학자들은 지구가 태양계 형성과정에서 함께 형성되었다고 추정한다. 그리고 태양계 어디선가 흘러 들어온 것으로 보이는 운석 중에는 약 46억 년 전에 형성된 것들이 발견된다. 또, 달에서 채취한 암석들도 이와 비슷한 연대로 측정된다. 이에 따라 과학자들은 지구도 약 46억 년 전에 탄생한 것으로 추정하고 있다.

새가 높이 날까, 비행기가 높이 날까?

옛날 사람들은 자유롭게 하늘을 나는 새를 보며 하늘을 나는 꿈을 키웠다. 그런데 제아무리 높이 나는 새라도 하늘 꼭대기까지 날 수는 없다.

흔히 하늘이라 불리는 대기권은 높이에 따라 크게 4개의 권역으로 나뉜다. 우리가 사는 대기층은 '대류권'으로, 지표면에서 약 10km 높이까지를 말한다. 대류권에서는 구름이 생기고 눈과 비가 내리는 등의 기상현상이 일어난다. 위쪽으로 올라갈수록 기온이 낮아지는데, 이는 고도가 높아질수록 지표면에서 발생하는 복사에너지의 영향을 덜 받기 때문이다.

10~50km까지의 대기는 '성층권'이라 한다. 성층권에서는 고도가 높아질수록 기온이 올라가는데, 대류권과 성층권 사이에 있는 오존층이 자외선을 흡수하면서 열도 함께 흡수해 버리기 때문이다. 50~80km까지는 '중간층'이라고 한다. 중간층에서는 대류권과 마찬가지로 지구 복사에너지가 덜 미치기

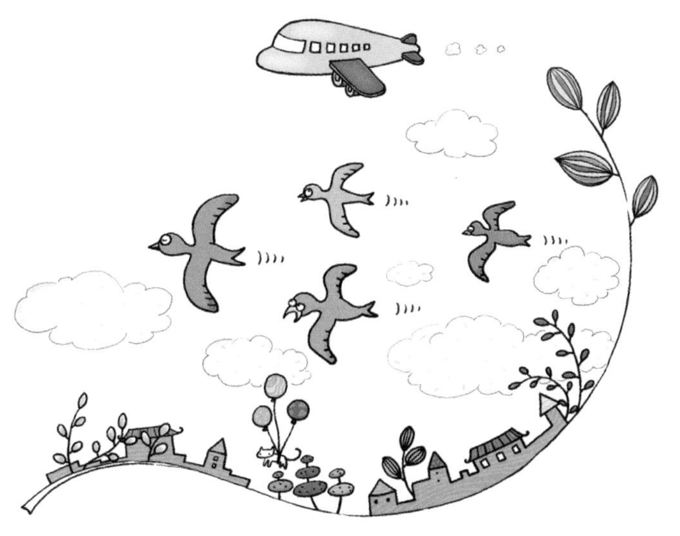

때문에 상층부로 올라갈수록 기온이 낮아진다.

하지만 80km 이상의 '열권'은 태양 복사에너지를 직접 받기 때문에, 태양과 가까워지면서 기온도 상승한다. 또, 열권에서는 태양에서 방출된 플라스마의 일부가 지구 자기장에 의해 대기로 진입하면서 오로라가 일어나기도 한다.

아무리 높이 나는 새라도 대류권을 넘어 하늘을 날 수는 없다. 성층권은 공기가 희박하여 생물이 숨 쉬기 곤란하기 때문이다. 또한, 대부분의 비행기도 성층권을 비행하지는 않는다. 승객의 안전에 위협이 될 뿐만 아니라, 효율성도 떨어지기 때문이다. 하지만 정찰기나 관측기는 성층권을 비행하기도 한다. 성층권에서는 '대류현상'이 일어나지 않아 쾌적한 상태에서 관측 활동이 가능하기 때문이다.

대류현상이란 따뜻한 공기는 상승하고 차가운 공기는 하강하는 현상으로, 기상현상이 일어나는 주요 원인이다. 그런데 성층권에서는 고도가 높아질수록 기온도 높아지기 때문에 대류현상이 일어나지 않는다.

지구도 자외선 차단제를 바른다?

요즘은 남녀노소 누구나 외출을 하기 전에 자외선 차단제를 바르는 것이 좋다. 태양빛에서 나오는 자외선은 피부 노화는 물론이고 피부암도 유발할 수 있기 때문이다. 그런데 우리가 사는 지구도 자외선 차단제를 바르고 있다. 그것은 바로 오존층이다.

산소 원자 3개로 이루어진 오존(O^3)은 성층권에 널리 분포한다. 특히 상공 25km 높이에서 집중 분포하며 층을 이루는데 이것이 바로 오존층이다. 오존은 자외선을 흡수하며 쪼개지는 성질을 갖기 때문에, 대부분의 자외선을 차단해준다. 그리고 쪼개진 오존 분자들은 다시 합쳐져 새로운 오존 분자를 이루면서 일정한 상태를 유지한다. 그런데 1970년대 이후부터 오존층이 점차 파괴되고 있다.

오존층 파괴의 주범은 프레온가스다. 냉장고나 에어컨의 냉매로 사용되거나 스프레이와 같은 분사제에 이용되는 프레온가스는 염화불화탄소로 이루어져 있다. 염화불화탄소는 자외선을 받으면 분해되면서 반응성이 큰 염소 분자(Cl)를 방출하는데, 바로 이 염소 분자가 하늘로 올라가 오존 분자를 파괴한다. 오늘날 오존층의 파괴는 갈수록 심해져서, 남극 성층권에 거대한 오존 구멍이 나기에 이르렀다. 이대로 오존층 파괴가 계속된다면 머지않아 지구상의 모든 생명체는 사라져버릴 지도 모른다.

그런데 우리에게 유익한 오존도 성층권이 아닌 대기권에 있으면 공해물질 취급을 받는다. 오존은 불쾌한 냄새를 풍길 뿐만 아니라, 기침과 두통, 시력 장애를 유발하기 때문이다. 최근에는 자동차 수가 늘어나면서 대기 중의 오존 농도가 높아지고 있다.

자동차 배기가스의 주성분인 질소 산화물은 자외선을 만나면 분해되는데, 이 과정에서 산소 분자가 발생한다. 그리고 산소 분자(O)는 대기 중의 산소(O^2)와 만나 오존(O^3)을 만든다. 그래서 요즘에는 오존 농도가 기준치 이상이 되면 주의보나 경보를 내리기도 한다.

전 세계는 본래 하나였다?

교통과 통신이 발달하고, 나라 간의 교류가 활발해지면서 바야흐로 세계는 지구촌 한 마을이 되어가고 있다. 그런데 이런 사회 · 경제 · 문화적인 이유가 아니라 본래부터 전 세계는 하나였고 한다.

옛날 사람들은 대륙의 위치가 본래부터 지금의 자리에 위치해 있었다고 생각했다. 그런데 독일의 기상학자 알프레드 베게너는 그렇게 생각하지 않았다. 베게너는 아프리카 서부 해안선과 남아메리카의 동부 해안선의 모양이 마치 퍼즐 조각처럼 들어맞는 것은 물론이고, 암석, 지형, 화석이 일치한다는 사실을 발견한다.

또, 대륙이 본래부터 그 자리에 있었다면 인도, 오스트레일리아, 아프리카 등 따뜻한 지역에서 빙하의 흔적이 발견되고, 남극대륙에서 열대우림 지역에서나 생성되는 석탄층이 발견되는 현상을 설명할 수 없다고 생각했다. 바로 이런 점들에 착안하여, 베게너는 1923년 필라델피아에서 열린 미국 철학회에서 아주 옛날 모든 대륙들은 하나의 거대한 땅 덩어리인 '판게아'라는 초대륙의 형태로 존재했으며, 이것이 약 3억 년 전부터 나눠지기 시작하면서 현재 대륙의 모습이 되었다고 발표했다. 이것이 바로 베게너의 '대륙이동설'이다.

그러나 당시까지만 해도 대부분의 지질학자들은 베게너의 주장을 믿지 않았다. 특히나 베게너는 어떠한 힘으로 거대한 대륙이 움직일 수 있었는지를 설명하지 못했다. 그런데 1950년대로 접어들면서 대륙이 이동한다는 증거가 속속 드러나며 베게너의 대륙이동설은 다시 각광받게 된다.

오늘날, 대륙을 이동시키는 힘은 지구의 지각과 핵 사이의 맨틀 때문이라는 주장이 가장 설득력 있게 받아들여지고 있다. 맨틀은 고체이면서도 액체처럼 유동성을 가지고 있기 때문에, 맨틀에서 일어나는 대류작용에 의해 지각이 움직이면서 대륙이 이동한다는 것이다.

쓰나미가 우리나라에도 올까?

지구상에서 일어나는 자연재해 중에 가장 무서운 것은 아마도 지진일 것이다. 엄청난 힘으로 대지를 흔들어 땅을 가르고 건물을 부수니 말이다. 그런데 이보다 더 무서운 것은 지진 후에 몰아치는 '지진해일'이다.

지진해일이란 해저에서 발생하는 지진, 화산 폭발 등 급격한 지각 변동이나 핵 실험, 빙하 붕괴 등의 충격으로 해수가

급격히 상승하여 발생하는 해일을 말한다. 물이 담긴 세숫대야를 흔들면 물결이 이는 것과 마찬가지 원리로, 지진해일은 큰 파도를 동반하며 해안가로 몰아친다. 뿐만 아니라 한번 몰아친 파도는 빠르게 빠져나갔다가 전보다 더 크고 빠르게 반복해서 몰아치면서 피해를 가중시킨다.

역사상 가장 큰 피해를 발생시킨 지진해일은 2004년 12월 26일, 인도네시아 수마트라 섬 서부 해안에서 발생한 지진해일이다. 히로시마에 떨어진 원자폭탄 266만 개의 위력을 지닌 리터 규모 8.9의 지진에 의해 발생한 이 지진해일로 무려 15만 명 이상이 목숨을 잃었다. 그리고 그동안 우리에게 생소했던 '쓰나미'라는 이름을 각인시켜 주기도 했다. 쓰나미란 지진해일을 뜻하는 일본 말로, '쓰(津)'는 항구를 뜻하고 '나미

(波)'는 파도를 뜻한다. 즉 항구로 몰아치는 파도란 뜻이다.

우리나라는 환태평양 지진대에서 벗어난 덕분에 그동안 지진해일의 안전지대로 알려져 왔다. 더구나 환태평양 지진대와 우리나라 사이에 위치한 일본 열도는 일종의 방파제 역할을 해왔다. 그러나 우리나라 역시 지진해일의 안전지대라고 장담할 수는 없다. 1983년 5월 26일, 일본 아카타에서 발생한 지진으로 삼척 임원항에 약 5m의 해일이 급습해 큰 피해를 발생시킨 적이 있었다. 또, 1993년 7월 12일 홋카이도 오쿠시리 섬 북서해역 지역에서 일어난 지진으로 발생된 지진해일로 동해안 지역이 큰 피해를 입은 적도 있다.

파보지 않아도 지구의 속을 훤히 알 수 있다?

높은 산 때문에 빙 돌아가야 했던 길도, 터널을 통해 가로질러 가면 곧바로 목적지에 도착할 수 있다. 마찬가지로 지구 중심을 관통하는 긴 터널을 뚫는다면 지구 반대편에 보다 빨리 도착할 수 있을까?

실제로 러시아에서는 고전적인 시추 방법으로 땅 속을 파내려가 본 적이 있었다. 하지만 이때 파내려간 깊이는 고작

지진파에 의한 지구 내부 구조

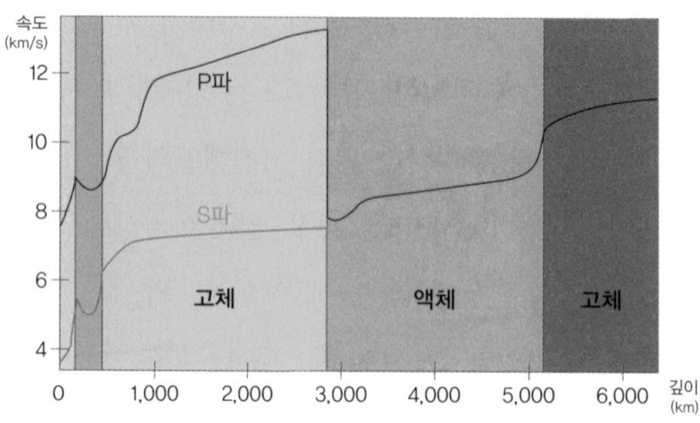

지구의 내부 구조

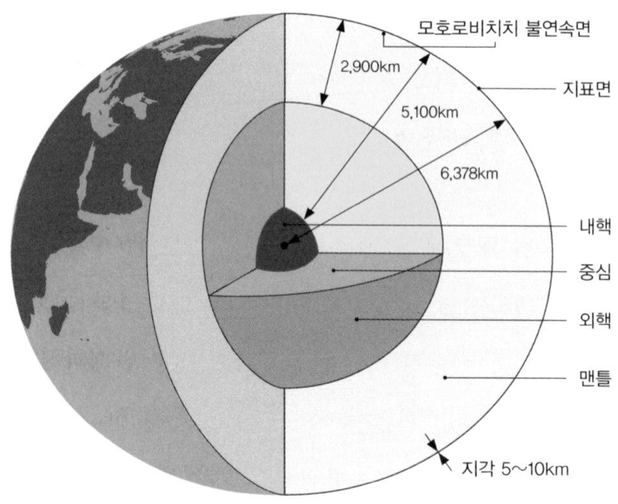

13km 정도였다. 지구의 반지름이 6,400km에 달한다는 것을 감안하면 그야말로 수박 흠집 정도도 안 되는 깊이다.

땅을 깊게 파내려가는 것은 생각만큼 쉬운 일이 아니다. 우리 지구는 엄청난 에너지를 땅 속 깊이 숨기고 있다. 그래서 땅을 100m씩 파내려갈 때마다 그 온도가 3℃ 정도씩 올라간다. 또 높은 압력으로 땅이 단단하게 굳어져서 깊은 곳의 땅은 잘 파지지도 않는다. 이렇게 땅을 파는 것이 힘들기 때문에, 땅을 파서 지구의 내부를 들여다보기는 거의 불가능하다. 그런데도 땅 속 깊은 곳에 핵이 있고 맨틀이 있는 걸 알 수 있는 것은 지진파 덕분이다.

지진이 발생하면 엄청난 지진파가 발생한다. 지진파는 크게 L파, P파, S파 등으로 나뉘는데, 이 중 P파는 종파로서 비교적 빠른 편이며, 고체와 기체 그리고 액체 모두를 통과하는 성질을 갖는다. 이에 반해 S파는 횡파로서 P파에 비해 느린 편이며, 고체만을 통과한다. 바로 이러한 지진파의 성질을 이용하여, 우리는 지구가 중심부로부터 내핵, 외핵, 맨틀, 지표로 이루어져 있음을 안다.

지진의 발생과 함께 발생하는 지진파는 지각과 맨틀에서 모두 탐지된다. 이는 지각과 맨틀이 고체로 이루어졌음을 의미한다. 또, 지각과 맨틀의 구분은 급격한 파동의 변화를 통해 알 수 있다. 서로 다른 물질의 경계면에 이르면 파동은 일

부가 반사되면서 연속적이지 못한 변화를 보이기 마련이기 때문이다. 맨틀을 지나 외핵에 다다르면 S파는 더 이상 진행하지 못한다. 이는 외핵이 고체가 아닌 액체로 이루어져 있음을 뜻한다. 물론 S파는 액체뿐만 아니라 기체도 통과하지 못하지만, 엄청난 압력을 받는 지구 내부에 기체가 존재할 가능성은 거의 없다. 그런데 내핵까지는 S파가 진행하지 못하기 때문에 내핵이 고체인지 액체인지는 정확히 알 수 없다. 다만 내핵에서 P파의 속도가 약 10퍼센트 빨라진다는 사실에서 고체로 추정해볼 수 있다. 파동의 진행 속도는 매질의 밀도가 높을수록 빨라지기 때문이다.

인간은 흙으로 빚어졌다?

『성경』에 따르면 태초에 하나님은 사람을 흙으로 빚어 만들었다고 한다. 그런데 이 말은 결코 틀린 말이 아니다. 흙이란 단단한 암석이 오랜 시간 풍화와 침식작용을 거쳐 유기물과 혼합되어 생성된 것을 말하는데, 우리 몸을 이루는 원소들도 암석을 이루는 원소들과 크게 다르지 않기 때문이다.

우리가 사는 지각의 대부분은 암석으로 이루어져 있다. 그리고 암석은 광물로 이루어져 있다. 광물이란 생물에 의해 만들어지지 않은, 즉 천연으로 난 균질한 결정질의 알갱이를 말한다. 지구상에는 약 3천여 종 이상의 광물이 존재한다.

광물은 여러 가지 원소들로 구성되는데, 산소, 규소, 알루미늄, 철, 칼슘, 나트륨, 칼륨, 마그네슘이 대부분을 차지하기 때문에 이 8가지 원소를 '지각을 이루는 8대 원소'라 부른다.

그런데 생물체를 이루는 구성 요소도 이와 크게 다르지 않다. 생물체를 구성하는 요소로는 산소와 규소, 탄소가 그 대부분을 차지하고 칼슘, 나트륨, 칼륨, 마그네슘도 생물을 구성하는 원소들이다.

한편, 암석은 크게 화성암, 퇴적암, 변성암으로 나뉜다. 화성암은 마그마나 용암이 식어 만들어진 암석으로 화강암, 현무암 등이 이에 해당한다. 퇴적암은 풍화나 침식 과정을 거

쳐 운반된 물질들이 쌓여서 생성된 암석이다. 자갈로 이루어진 역암, 모래로 이루어진 사암, 진흙으로 쌓여 만들어진 셰일, 석회물질이 쌓여 만들어진 석회암 등이 대표적인 퇴적암이다. 변성암은 화성암이나 퇴적암이 지하 깊은 곳에서 열이나 압력을 받으면서 그 모양과 성질이 변하여 생성된 암석이다. 건축물을 지을 때 사용되는 대리석은 퇴적암인 석회암이 변성되어 만들어진 것이고, 줄무늬가 드러난 편마암은 셰일이나 화강암이 변성되어 생성된 것이다.

살아 있는 화석이 있다?

옛 속담에 호랑이는 죽어서 가죽을 남기고, 사람은 죽어서 이름을 남긴다고 했다. 그런데 고대 생물은 죽어서 화석을 남긴다. 공룡이나 삼엽충 등 오래전에 멸종한 생물의 모습을 알 수 있는 것은 생물이 화석의 형태로 남아 오늘날까지 전해졌기 때문이다.

이처럼 지질 시대에 살았던 동식물의 유해나 흔적이 지층에 남아 있는 것을 '화석(化石)'이라고 한다. 화석은 오래전 지구상에 존재하던 생물과 현재의 생물과의 진화 관계를 규명하는 연구 자료로서 중요한 가치를 가지고 있다. 동식물의 모습이 남은 경우를 '체화석'이라 하고, 발자국과 같은 생활 흔적이 남는 경우를 '흔적화석'이라고 한다. 또, 주변 환경을 알 수 있는 화석을 '시상화석', 화석이 만들어진 시대를 알려주는 화석을 '표준화석'이라 한다.

화석은 생물의 사체 혹은 흔적 위로 퇴적물이 쌓이고 사체나 흔적이 있던 자리가 단단하게 굳거나 다른 물질로 변하는 암석화 과정을 거치면서 만들어진다. 하지만 똑같은 과정을 겪는다고 모두 화석이 되는 것은 아니다. 화석이 되기 위해서는 그 형태나 흔적이 사라지기 전에 가능한 빨리 그 위로 퇴적물이 쌓여야만 한다. 또한 암석화 과정은 오랜 시간에 거쳐 이루어지기 때문에 부패되기 쉬운 부드러운 피부조직은 화석이 되기 힘들다. 그래서 연체동물과 같은 무척추 동물의 화석이 발견되는 경우는 매우 드물다.

그런데 오래전에 멸종한 생물의 흔적만을 화석이라 부르지 않는다. 화석 속의 모양과 지금 살아 있는 생물의 모양이 똑같은 경우도 있다. 이러한 생물들을 '살아 있는 화석'이라 한다. 화석 생물의 대표적인 예로 식물 중에는 은행나무, 버드나무, 종려나무, 목련나무, 포도나무 등을 들 수 있다. 이들은 화석을 통해 백악기의 모습이 지금과 똑같다는 것이 증명되었다.

먹구름이 검은 이유는?

살다보면 힘들고 고통스런 순간이 찾아오기 마련이다. 이럴 때 사람들은 인생에 먹구름이 드리웠다 말한다. 하지만 먹구름이 찾아왔다고 실망하거나 좌절할 필요는 없다. 먹구름은 단비를 내리는 소중한 구름이기 때문이다.

웅덩이에 고인 물이 사라지고 젖은 빨래가 마르는 것은 물이 증발하기 때문이다. 일반적으로 물은 0℃ 이하에서 고체가 되고, 100℃가 넘으면 기체 상태의 수증기가 된다. 그런데 100℃가 되지 않아도 물의 표면에서는 태양 복사에너지를 흡수하면서 끊임없이 수분 증발이 일어난다. 그리고 증발된 수분은 공기 중에 포함되는데, 공기 중에 포함될 수 있는 수증기의 양이 한계에 이르면 여분의 수증기는 열을 방출하며 액체 상태의 물방울로 변한다. 이것을 '응결'이라고 한다. 그리고 응결된 상태의 물방울이 공기 중에 모여 있는 것이 바로 구름이다.

구름에는 다양한 크기의 물방울이 포함되어 있다. 그리고 물방울의 크기가 다르면 빛의 파동을 만나 굴절되고 흩어지는 산란의 정도도 다르다. 이렇게 산란의 정도가 다르면 각기 다른 색을 띠게 되는데, 섞일수록 더 하얗게 보이는 빛의 성질에 따라 구름은 하얗게 보인다.

그런데 비가 내리는 것은 구름 속의 물 입자가 너무 커져서 더 이상 공기 중에 떠 있지 못하기 때문이다. 따라서 비가 내리기 직전 구름 속의 물 입자는 큰 편인데, 이렇게 커다란 물 입자는 빛의 대부분을 흡수해버린다. 구름이 검게 보이는 것은 바로 이런 이유 때문이다.

태풍이 더 큰 재앙을 막아준다?

해마다 여름이 되면 한두 번씩은 찾아오는 태풍 때문에 많은 사람들이 큰 피해를 입는다. 그런데 자연이 이치가 다 그러하듯, 태풍도 불어야만 하는 이유가 있다.

지구는 둥글기 때문에 위도에 따라 받는 태양의 복사에너지 양이 다르다. 그래서 지구의 표면에서는 저위도의 열을 고위도로 보내는 대류운동이 일어나는데, 때로는 정상적인 대류운동만으로 위도상의 에너지 불균형을 해결하기 힘들 때가 있다. 태풍은 바로 이런 문제를 해결해주는 역할을 한다.

수온이 높고 물의 증발량이 많은 북태평양 남서부 지역에서 발생하여 아시아 동부로 몰아치는 최대 풍속 17m/s 이상의 열대성 저기압을 '태풍'이라 한다.

태풍은 북동무역풍과 남동무역풍이 만나는 수렴대에서 편동풍 파동을 따라 소용돌이치던 공기가 열대 바다에서 올라오는 수증기를 흡수하면서 형성된다. 그런데 이 과정에서 태풍은 열도 함께 흡수한다. 덕분에 태풍은 저위도의 열을 고위도로 전달하는 역할을 하게 되는 것이다. 만약 태풍이 불지 않으면 위도 간의 에너지 불균형이 심해지면서 더 큰 재앙이 닥칠지 모른다.

열대성 저기압은 지역에 따라 그 이름이 달리 불린다. 우리나라에 영향을 끼치는 태풍은 타이푼(Typhoon)이라고 불리고, 인도양에서 발생하는 열대성 저기압을 싸이클론(Cyclone), 남태평양에서 발생하는 열대성 저기압을 윌리윌리(Willy Willy), 그리고 멕시코만에서 발생하는 열대성 저기압을 허리케인(Hurricane)이라 부른다.

일기예보가 번번이 틀리는 이유는?

나관중의 소설 『삼국지연의』에서 제갈공명은 남동풍을 일으켜 조조의 대군을 크게 무찌르고 적벽에서 큰 승리를 거둔다. 제갈공명이 신통력이 매우 뛰어났다고 소설에 나오지만 그는

정말 바람을 부릴 수 있는 마술사였을까? 그럼 어떻게 남동풍을 불렀을까? 제갈공명은 날씨를 내다볼 수 있는 능력이 뛰어났던 사람이었다. 그런데 오늘날에는 일기예보를 통해 제갈공명보다 더 정확히 앞으로의 날씨를 알 수 있다.

일기예보는 전국 곳곳에 설치된 관측소에서 보내온 기온, 기압, 습도, 풍향, 강수량 등의 정보를 수집하는 것부터 시작된다. 하지만 이 정도로는 부족하다. 날씨는 우리나라뿐만 아니라 다른 나라의 기상 상황에도 영향을 받기 때문에, 주변 나라의 기상 정보도 함께 수집한다. 이렇게 수집된 정보를 슈퍼컴퓨터에 입력하면, 슈퍼컴퓨터는 그동안의 기록과 비교

분석하여 현재의 일기도와 예상 일기도를 그려낸다. 그리고 숙련된 기상 예보관들의 검토를 거친 뒤에 최종 예보로 확정된다. 이와 같이 우리가 접하는 기상 예보는 복잡한 여러 과정을 거친다. 그런데도 일기예보는 종종 틀리기도 한다. 심지어 맑을 확률이 90퍼센트일 때도 별안간 비가 내려 비에 흠뻑 젖는 경우가 있다.

일기예보가 부정확한 이유는 기상 현상이 단순히 한 가지 원인에 의해 발생하는 것이 아니기 때문이다. 우리나라의 경우 아시아 대륙과 태평양의 경계면에 위치해 있으며, 삼면이 바다로 둘러싸인 탓에 예상치 못한 기상 현상이 종종 발생한다. 좁고 산이 많은 지형도 변화무쌍한 날씨에 한몫한다. 최근에는 지구온난화에 따른 이상 기후가 나타나면서 일기 예보를 더욱 어렵게 만들고 있다. 현재 시스템은 지표 부근의 기상 현상만을 관측할 뿐이고 여전히 상층 대기에 대한 관측은 미흡한 상태이다. 상층 대기의 운동은 지표의 기상 현상을 결정하기 때문에 상층 대기에 대한 보다 정확한 관측은 일기예보에서 매우 중요한 요소이다.

무엇보다 일기예보가 잘 맞지 않는 이유는 일기예보가 확률에 따라 계산된 정보이기 때문이다. 비가 오지 않을 확률이 90퍼센트라는 것은 비슷한 기상 환경에서 10번에 9번은 비가 오지 않았다는 뜻으로, 비가 올 가능성도 엄연히 있는 것이다.

굽이굽이 흐르는 강을 직선으로 바꾼다면?

옛날 사람들은 흐르는 강을 인생에 비유하곤 했다. 곧게 흐르다가도 굽이쳐 흐르는 모습이 마치 우리 인생과 닮았다고 생각한 것이다.

강은 상류에서 시작되어 중류를 거쳐 하류로 흐른다. 그리고 바다로 빠져나가는데, 물이 시작되는 상류는 경사가 급하고 폭이 좁기 때문에 '침식작용'이 활발하게 일어난다. 침식작용이란 물살에 의해 주변의 흙이나 바위가 깎이는 현상을 말하는데, 이로 인해 계곡이 파이고 V자 계곡이 형성된다.

물과 함께 상류에서 흘러나온 침식물은 중류를 거쳐 하류로 이동된다. 이 과정에서 흙과 모래가 쌓이고, 이와 동시에 침식작용이 일어나면서 고불고불한 강의 모습이 형성된다. 그런데 물길이 꺾이는 정도가 심해지면 호수가 만들어지기도 한다. 이것을 '우각호'라 하는데, 우각호란 곡선으로 흐르는 물길에 새로 직선의 물길이 뚫리고 퇴적물이 쌓여 곡선으로 흐르던 물길이 막히면서 생기는 호수다.

중류를 거쳐 내려온 흙과 모래는 하류에 쌓이면서 삼각형의 퇴적지인 '삼각주'를 형성한다. 또, 홍수와 함께 범람한 퇴적물이 강 주변에 쌓이면서 지대가 낮은 '범람원'을 형성하는데, 삼각주와 범람원은 토양이 비옥해 농경지로 주로 이용된다.

그런데 자연의 이치가 그러하듯, 고불고불하게 흐르던 강을 인위적으로 직선화하면 많은 부작용을 유발할 수 있다. 강물이 직선으로 흐르게 되면 침식물이 도중에 퇴적되지 못하고 모두 강 하구에 쌓이면서 강이 막힐 우려가 있다. 또, 물이 흐르는 속도도 빨라져 강이 쉽게 범람할 가능성도 있으며, 굽이굽이 흐르는 강의 길목에 서식하던 생물들의 보금자리도 사라지게 될 것이다. 무엇보다 퇴적물이 도중에 걸러지지 않기 때문에 강은 자정 능력을 잃고 오염될 가능성이 높다.

우각호 형성 과정

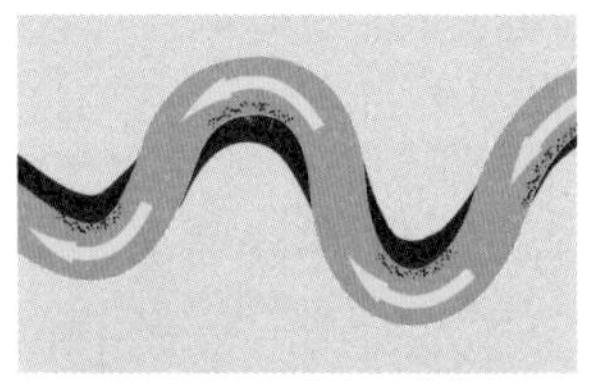

바깥쪽 유속이 빠르고 안쪽은 상대적으로 느리기 때문에, 바깥쪽은 계속 침식되고 안쪽은 퇴적이 이루어져 휘어지는 현상이 심해진다.

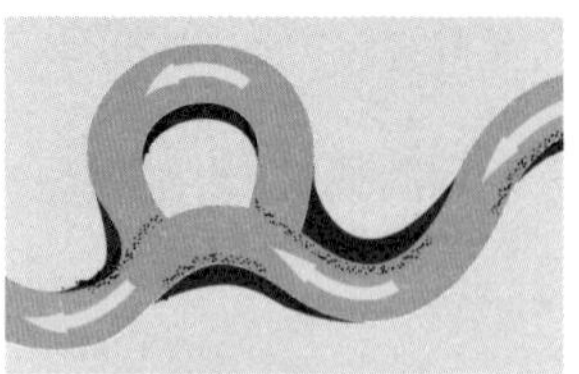

이때 홍수라도 나면 휘어진 통로는 토사로 막히고 새로운 물길이 생길 수 있다.

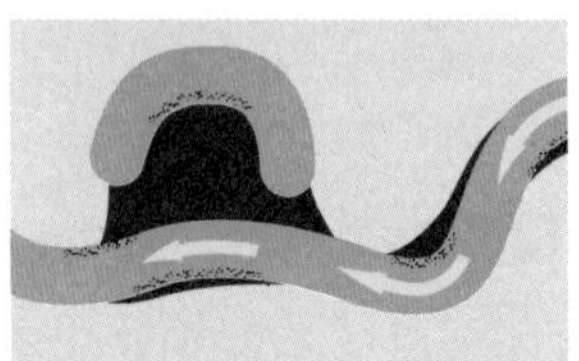

하천이 소 뿔같이 생긴 모양으로 고립되면서 호수가 된다.

바닷물은 마시면 마실수록 갈증이 난다?

어떤 남자가 잠을 자다가 하도 갈증이 나서 냉장고를 열었는데, 마침 마실 물이 없었다. 하는 수 없이 간장도 물로 이루어져 있다고 생각하고 벌컥벌컥 마셨는데, 입은 짜고 오히려 갈증은 더 심해졌다. 생수가 없으면 수돗물이라도 마시면 될 것을 자다 깨서 정신이 없긴 없었던 모양이다.

지구 표면적의 3/4는 바다이고, 지구 전체가 포함하고 있는 물의 97.2퍼센트가 바닷물이다. 그야말로 지구는 바다로 이루어진 행성이라 할 만하다.

바닷물에는 염화나트륨, 염화마그네슘, 황산마그네슘 등의 성분과 질소, 산소, 이산화탄소 등의 기체가 녹아 있다. 또 플랑크톤의 먹이가 되는 인산염, 질산염, 규산염 등의 영양 염류도 다량 함유되어 있다. 이 중 바닷물에 가장 많이 함유되어 있는 것은 염화나트륨(NaCl)으로, 염화나트륨이 바로 소금이다. 바닷물의 평균 염도는 3.5퍼센트로, 바닷물 1kg을 증발시키면 약 35g의 소금을 얻을 수 있다.

이처럼 바닷물에는 다량의 소금이 녹아 있기 때문에 갈증이 난다고 해서 함부로 마셔서는 안 된다. 바닷물을 마시면 무기염류가 혈액 속에 쌓이면서 혈액 내 염도가 높아진다. 그런데 물은 밀도가 낮은 쪽이 밀도가 높은 곳으로 이동하여 양

쪽의 밀도를 동일하게 유지하려는 삼투압의 성질을 가진다. 따라서 혈액 내 염도가 높아지면 세포 속에 있던 수분이 혈액으로 이동하면서 세포 내 수분이 부족하게 된다. 결국 세포는 수분 부족으로 죽어가고, 세포가 죽은 만큼 사람도 위험해질 수 있다.

더구나 몸 안에 수분이 많아지면 신장은 소변을 만들어 몸 밖으로 배출하는데, 이때 소변에 함유된 염도는 2퍼센트 정도에 불과하다. 따라서 염도가 3.5퍼센트인 바닷물을 1L 마셨다면 1.75L 이상의 소변을 배출해야 한다는 계산이 나온다. 그래서 짠 음식을 먹으면 물을 마셔도 계속 갈증을 느끼게 되는 것이다.

바닷물도 흐른다?

고인 물은 썩기 마련이다. 그래서 큰 웅덩이나 저수지에서는 심한 악취가 나곤 한다. 그런데 바다도 어찌 보면 거대한 호수와 다르지 않다. 그럼에도 바다가 늘 푸름을 유지할 수 있는 것은 바다도 강물처럼 흐르기 때문이다. 이런 바다의 흐름을 '해류'라고 한다.

바다의 표면은 바람의 영향을 받으며 끊임없이 출렁인다. 그리고 일정한 방향으로 흘러가며 해류가 형성된다. 그런데 아무리 강한 바람이 불더라도 바다 속 깊은 곳까지 바람의 영향이 미칠 수는 없다. 대신 바다 깊은 곳에서는 밀도의 차이에 의해 해류가 형성된다.

뜨거운 공기는 상승하고 차가운 공기는 하강하는 것처럼, 깊은 바다 속에서도 수온이 높은 바닷물은 상승하고 수온이 낮은 바닷물은 하강한다. 또 염분을 많이 포함한 바닷물은 무겁기 때문에 가라앉고 염분을 적게 포함한 바닷물은 상승한다. 그런데 이런 해류의 움직임을 멀리서 보면 북반구의 해류는 시계 방향으로 흐르고, 남반구의 해류는 시계 반대 방향으로 흐르는 것을 알 수 있다. 이는 해류가 지구 자전의 영향을 받기 때문으로 하수구의 물이 일정한 방향으로 흘러 내려가는 것과 같은 원리다.

이러한 해류의 분포는 열대에서 열을 얻고 한대에서 내어 놓는 지구의 열수지에 매우 중요한 역할을 한다. 만약 이것이 없다면 열대 지방은 더욱 더워지고, 극지방은 현재보다 더욱 추워질 것이다.

이밖에 바다는 '조류'에 의해서도 끊임없이 움직인다. 조류란 밀물과 썰물을 말하는 것으로, 지구 주위를 도는 달이 상대적으로 가까워지면 달의 인력에 의해 바닷물이 끌어당겨지기 때문에 물이 빠지는 썰물이 되고, 상대적으로 멀어질 때에는 달이 잡아당기는 힘이 약해지면서 바닷물이 밀려오는 밀물이 된다. 밀물과 썰물 현상은 해수면의 깊이가 낮은 서해안 등지에서 두드러지게 나타나는데, 그 덕분에 갯벌이 보이고 바닷길이 열리기도 한다.

달은 지구로부터 멀어지고 있다?

가까운 사이일수록 그 소중함을 모르고 소홀히 대하기 쉽다. 그리고 어느샌가 마음에서 멀어져 가는데, 지구와 절친이라 할 수 있는 달 역시 우리도 모르는 사이에 지구에서 조금씩 멀어지고 있다.

달과 지구 사이의 거리는 약 38만 4,400km 정도이다. 그런데 달이 탄생한 45억 년 전, 달과 지구와의 거리는 불과 2만 km에 불과했다. 그러던 것이 조금씩 지구로부터 멀어지면서 오늘날에 이른 것이다. 1969년, 최초로 달에 착륙한 아폴로 11호의 조사에 따르면, 지구와 달의 거리는 매년 3.8cm씩 멀어지고 있다고 한다.

달과 지구의 사이가 멀어지는 것은 지구의 자전 속도와 관련이 있다. 달이 처음 생겨났을 무렵, 지구의 자전 속도는 지금보다 훨씬 빨라서 하루가 5시간 정도에 불과했다. 그러던 것이 달의 인력과 그로 인한 조수 간만의 차가 일어나면서 지구의 자전 속도가 점차 느려지게 되었다. 달이 지구의 자전에 제동을 건 것이다.

그런데 에너지 보존의 법칙에 따라 외부의 자극이 없으면 운동하는 두 물체 사이에 존재하는 운동에너지는 일정하게 유지된다. 달과 지구 사이의 운동에너지도 마찬가지다. 지구의 자전 속도가 느려지면서 달은 더 빨리 지구 주위를 돌게 되었다. 그리고 그에 다른 원심력이 증가하면서 달은 지구로부터 점점 더 멀어지게 된 것이다.

별도 나이를 먹는다?

사람들은 화려한 모습의 연예인을 동경하며 그들을 '스타'라 부른다. 그런데 나이가 들면 화려했던 모습이 사라져가며 점차 빛을 잃어가는 이들도 있다. 진짜 별도 마찬가지다. 환하게 빛나던 별도 언젠가는 그 빛을 잃고 사라져간다.

별은 그 크기에 따라 사라지는 모습이 제각기 다르다. 태양 질량의 0.08~8배 정도의 작은 별의 경우, 주 에너지원인 수소가 바닥나기 시작하면 별의 인력이 약해지면서 뻥튀기처럼 부풀어 오른다. 지름이 태양의 수십 배 내지 수천 배로 커진다. 그리고 낮아진 표면 온도 때문에 붉은 색을 띠게 되는데,

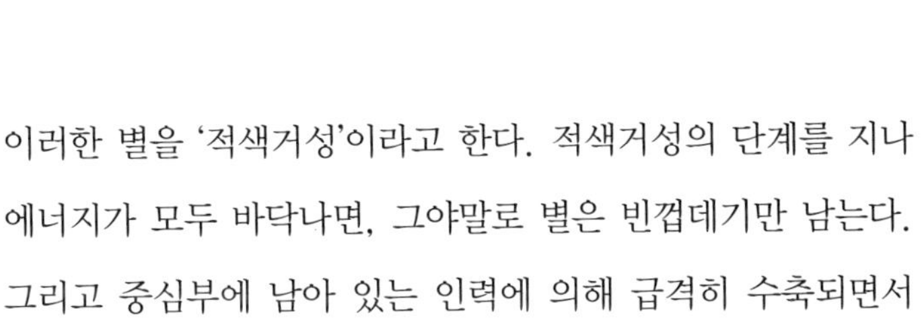

이러한 별을 '적색거성'이라고 한다. 적색거성의 단계를 지나 에너지가 모두 바닥나면, 그야말로 별은 빈껍데기만 남는다. 그리고 중심부에 남아 있는 인력에 의해 급격히 수축되면서 일생을 마치는데, 이를 '백색 외성'이라고 한다.

태양 질량의 8~12배에 해당하는 별의 경우, 수축 과정에서 그 압력을 이기지 못하고 폭발을 한다. 폭발 과정에서 엄청난 에너지가 발산되면서 마치 새로운 별이 생겼다 사라지는 것처럼 보이는데 이를 '초신성'이라고 한다. 초신성 폭발로 생긴 잔해는 이후 새로운 별이 만들어지는 재료가 된다. 또, 중심부에는 강한 수축에 의해 생성된 초고밀도의 별이 남는데, 이를 '중성자별'이라고 한다.

태양 질량의 12배 이상의 거대한 별의 경우 그 중력이 너무나 강하기 때문에 폭발 이후에도 수축이 계속된다. 그리고 엄청난 힘으로 빛마저도 빨아들이며 검은 구멍과 같은 모습을 띠는데, 이것이 바로 '블랙홀'이다.

일반적으로 블랙홀은 상식이 통하지 않는 곳으로 여겨진다. 때문에 새로운 세계로 통하는 통로로 여겨지기도 했는데, 일부 학자들은 모든 것을 흡수하는 블랙홀이 있다면 그 반대편에는 블랙홀에서 흡수된 것이 빠져나오는 화이트홀이 있다고 생각한다. 또 블랙홀과 화이트홀을 연결하는 웜홀이란 통로가 있을 것이라 주장하는데, 화이트홀과 웜홀의 존재는 아직까지 밝혀진 바가 없다.

그린란드가 아프리카 대륙만큼 크다?

한때 세계로 뻗어 나가겠다는 포부를 다지며 아이들 방 안에 세계 지도를 붙여놓는 것이 유행하던 시절이 있었다. 하지만 방 안에 붙여놓은 세계지도가 진짜 세계의 모습을 그려놓고 있다고 생각하면 큰 오산이다. 고대 그리스 과학자 아리스토텔레스가 주장했던 대로 우리가 사는 지구는 구 형태이므로, 그 형태를 평면으로 옮기는 과정에서 왜곡이 발생하기 때문이다.

우리에게 가장 익숙한 지도는 1569년, 네덜란드의 지도학자 메르카토르에 의해 만들어진 '메르카토르 도법'의 지도다. 메르카토르 도법은 지구를 적도 중심으로 놓고 양 극 부분을 잡아 늘려 지구 표면을 평면 형태로 바꾸는 방식이다. 때문에 메르카토르 도법의 지도는 적도 부근에서는 비교적 정확하지만 고위도로 갈수록 그 크기가 실제보다 더 크게 표현되는 단점을 지닌다.

그래서 메르카토르 도법의 지도를 보면 아프리카 대륙과 그린란드의 크기가 비슷해 보이나 실제로는 아프리카가 14배 정도 크며, 남미는 유럽보다 훨씬 넓은 면적을 가지고 있다. 또한 멕시코는 알래스카보다 3배 더 크며, 일본은 독일보다 넓다. 실제로 세계 대륙의 면적 순위를 매기자면 아시아, 아프리카, 북미, 남미, 유럽, 오세아니아 순이다.

이런 이유로 고위도에 위치한 서구 유럽이나 미국, 구소련 같은 나라들은 자기들의 세력을 과시하는 수단으로 메르카토르 도법의 지도를 즐겨 사용하기도 했다. 메르카토르 도법의 지도는 면적은 부정확해도 위치는 비교적 정확했기 때문에 바다의 항해사들에 의해서도 즐겨 사용되었다.

메르카토르 도법 지도의 단점을 보완하기 위해 '페터스 도법'의 지도가 등장했다. 페터스 도법의 지도는 지도상 육지의 면적을 비교적 정확히 표현하였다. 하지만 지나치게 면적의 정확성에 치중한 탓에 육지의 모양이나 위치가 왜곡되어 표현되는 단점을 지닌다. 그래서 최근에 메르카토르 도법과 페터스 도법의 장점을 결합한 '로빈슨 도법'이 주목받고 있다. 로빈슨 도법은 그동안 직선으로 표현되던 경도를 곡선으로 나타내어 지도의 정확성을 높였다.

CHAPTER 5

한 수 더 배우는 알쏭달쏭 과학상식 지도

원시인들은 공룡을 본 적이 없다?

영화나 만화에서 무시무시한 티라노사우루스의 공격을 피해 도망가거나 반대로 공룡을 사냥하는 원시인들의 모습을 종종 볼 수 있다. 그러나 인류의 기원으로 알려진 오스트랄로피테쿠스가 지구상에 등장한 때는 약 400만 년 전후로, 그땐 이미 공룡이 멸종한 뒤였다.

공룡은 약 2억 4,500만 년 전 시작된 중생대에 번성했다가 백악기 말에 멸종한 대형 파충류 무리로, 1억 6,000만 년이라는 긴 시간 동안 지구 곳곳에 널리 퍼져 살았다. 그런데 지금으로부터 약 6,600만 년 전, 공룡은 느닷없이 지구상에서 자취를 감췄다.

공룡 멸종의 이유에는 다양한 학설이 존재한다. 화산 폭발설에 따르면, 중생대 말기부터 전 세계적으로 활발하게 활동하던 화산이 큰 폭발을 일으키면서 더 이상 공룡이 살 수 없는 환경이 되었다고 한다. 하지만 공룡 멸종 당시, 화산 활동은 오히려 활발하지 못했다는 사실이 밝혀지면서 이 주장은 설득력을 잃고 있다.

또 기후변화설에 따르면, 고대 대륙인 곤드와나 대륙과 유라시아 대륙이 극지방으로 이동하면서 기온이 급격히 내려갔고 추위에 약한 공룡들이 멸종하게 되었다고 한다.

이밖에도 독을 가진 식물이 널리 퍼지면서 초식 공룡들이 멸종하게 되었고, 이어서 육식 공룡들도 멸종했다거나 포유류와의 경쟁에서 밀려 멸종했다는 설 등이 있는데, 오늘날 가장 설득력 있게 받아들여지는 공룡 멸종에 관한 주장은 운석충돌설이다.

운석충돌설에 따르면, 백악기 말 약 10km 크기의 운석이 지구를 강타했다고 한다. 이 충돌로 거대한 화산과 해일이 생겼고, 엄청난 양의 먼지가 성층권으로 올라가 햇빛을 차단했을 것이라 짐작한다. 이로 인해 식물들은 광합성을 하지 못하고 죽어갔다. 뒤이어 초식 공룡이 멸종하기 시작했고, 초식 공룡을 먹이로 삼는 육식 공룡들도 차례로 멸종되었다는 것이다. 실제로 1991년 멕시코 유카탄반도에서는 백악기 말에 형성된 직경 180~200km에 달하는 충돌 분화구가 발견되기도 했다. 이는 10~15km의 대형 운석이 초속 20km의 속도로 충돌하여 발생된 것으로, 이때의 충격은 히로시마 원자폭탄의 약 10억 배에 달하는 것이라고 추정된다.

옛날 사람들도 석유의 존재를 알았을까?

땅을 파야 100원짜리 하나 나오기 힘든 법이지만 중동이나 알레스카 같은 곳에서라면 이야기는 달라진다. 이곳에서는 땅을 파면 검은 빛깔의 금이라 불리는 석유가 콸콸 솟아 나오니 말이다.

'돌이나 바위 사이의 기름'이란 뜻의 석유는 원유는 물론이고 휘발유, 가솔린 등 정제유를 모두 포함하는 말이다. 석유는 원유의 상태로 추출되는데, 원유는 여러 가지 물질이 섞인 혼합물로 그 자체로는 큰 가치가 없다. 때문에 옛날 사람들도 석유의 존재를 알았지만 등불의 불을 밝히거나 수레바퀴의 윤활유로 썼던 것이 고작이었고, 이집트에서는 미라의 부식

을 막기 위해 석유를 사용하기도 했다.

석유가 각광을 받기 시작한 것은, 대량으로 석유를 추출하는 유정 기술이 개발되고 석유를 연료로 하는 내연기관이 발명된 19세기 후반부터였다. 특히 원유 상태의 석유를 성분별로 분리하는 정제 기술의 개발은 석유의 활용 가치를 무궁무진하게 만들어주었다.

복잡하게 섞인 원유 상태의 석유를 성분별로 분리하는 작업은 끓는점의 차이를 이용한다. 원유를 350℃ 이상의 고온으로 가열하면 끓는점이 낮은 성분이 먼저 기체화되어 증류탑으로 보내지는데, 기체 성분은 증류탑 위쪽으로 가면서 냉각되어 다시 액체 상태가 된다. 그리고 끓는점이 높은 성분들도 차곡차곡 그 밑으로 쌓이게 된다.

이렇게 분리된 원유의 성분은 각기 그 쓰임이 다른데, 증류탑 최상부에 쌓이는 LPG는 난방이나 취사용으로, 그 밑으로 쌓이는 가솔린은 자동차 연료로 사용된다. 또 가솔린보다 끓는점이 높은 등유와 중유는 각각 비행기와 배의 연료로 사용된다. 그리고 모든 성분이 추출되고 남은 원유의 찌꺼기는 도로의 아스팔트를 까는 데 이용된다.

석유의 생성 원리에 대해서는 정확하게 밝혀진 바가 없지만 강이나 호수의 바닥에 쌓인 동식물의 유해가 지각변동에 의해 지하 깊은 곳에 묻힌 뒤, 오랜 시간 열과 압력을 받아 생성된 것으로 추정된다. 석유와 함께 인류의 주 에너지원인 석탄 역시 흙 속에 매몰된 식물체의 잔재가 오랫동안 열과 압력을 받아 탄화되면서 만들어진 것이다.

숲에서 목욕을 한다?

목욕은 몸의 때를 제거하는 역할만을 하지 않는다. 따뜻한 물에 몸을 담그고 있으면 땀과 함께 몸 안의 노폐물이 빠져나가면서 혈액 순환을 돕는다. 또 수압과 부력은 몸에 자극을

주어 신진대사를 원활하게 해준다. 이런 이유로 옛날부터 목욕은 건강 관리의 한 방법으로 사랑받았다. 그런데 최근에는 색다른 목욕법이 주목받기 시작했다. 바로 삼림욕이다.

삼림욕은 말 그대로 숲에서 목욕을 하는 것이다. 하지만 숲 속에서 옷을 벗고 목욕을 하는 모습을 상상해서는 곤란하다. 삼림욕이란 물이 아닌 숲이 내뿜는 공기로 목욕을 하는 것을 말한다.

숲이나 폭포, 온천 등에서는 음이온이 많이 발생되는데, 음이온은 신진대사를 촉진시키고 마음을 안정시키는 역할을 한다. 반면 밀폐된 공간이나 전자 기기가 많은 곳에서는 양이온이 주로 발생된다. 양이온은 스트레스를 유발하고 몸을 무기력하게 만든다. 심신이 지친 도시 사람들이 숲으로 몰려드는 이유는 바로 여기에 있다. 그런데 숲을 거닐 때, 상쾌한 기분이 드는 것은 음이온 때문만은 아니다.

식물은 생장 과정에서 상처를 치료하고 세균으로부터 자신을 보호하기 위해 '피톤치드'라는 물질을 내뿜는다. 피톤치드는 1937년 러시아의 생화학자인 토킨이 처음으로 이름붙였다. '식물의'라는 뜻의 'phyton'과 '죽이다'라는 뜻의 'cide'가 합쳐져서 생긴 말이다. 식물이 병원균 · 해충 · 곰팡이에 저항하려고 내뿜거나 분비하는 물질로, 소나무나 전나무 등 침엽수에서 주로 발생하는데, 살균 · 소독 및 심신을 안정시키는 효능이 있다.

새벽 운동은 오히려 건강을 해친다?

일찍 일어나는 새가 먹이도 먼저 먹는다는 옛말이 있다. 하지만 일찍 일어나는 새가 가장 먼저 다른 포식자의 먹이가 될 수도 있다. 마찬가지로 건강을 위한 새벽 운동이 오히려 건강을 해칠 수 있다.

태양이 쨍쨍 비추는 낮 동안에는 지표면이 뜨겁게 달궈지고 지표면의 대기 온도도 상승한다. 그런데 일반적으로 온도가 상승하면 밀도는 낮아진다. 분자의 운동이 활발해지면서 부피가 팽창하기 때문이다. 밀도가 낮아져 가벼워진 지표면의 대기는 상승하고 상대적으로 무거운 위쪽 대기는 하강하게 된다. 그 덕분에 공기가 순환하면서 지표면의 오염된 공기도 빠져나간다.

그런데 밤이 되면 태양이 모습을 감추면서 상승했던 지표면의 온도가 급격히 떨어진다. 그리고 새벽이 되면 지표면의 대기가 오히려 더 차가워지는 역전층이 형성된다. 역전층이 형성되면 공기는 안정된 상태를 유지하며 더 이상 순환되지 않는다.

역전층

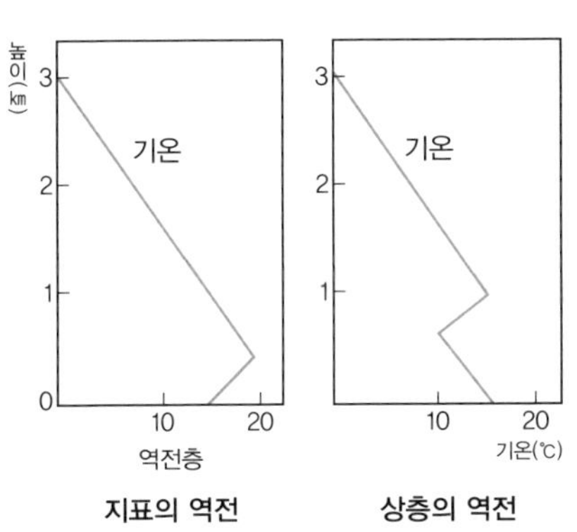

오늘날 도심의 공기는 공장과 자동차가 내뿜는 매연으로 매우 오염되어 있다. 이런 상황에서 역전층의 형성되면 지표 근처에 나쁜 공기는 그대로 지표 근처에 머물게 된다. 새벽 운동이 위험한 것은 바로 이런 이유 때문이다. 더구나 운동을 하면 평상시보다 더 많은 공기를 들이마시게 되어 그 위험성이 클 수밖에 없다.

건강을 위협하는 대기오염의 심각성은 '런던 스모그 사건'이 일어나면서 사회적인 문제로 대두되었다. 1952년 12월 4일부터 10일까지 발생한 스모그는 노인과 어린이 등 1만 2천여 명의 목숨을 앗아갔다. 여기서 스모그(smog)란 매연을 가리키는 '스모크(smoke)'와 안개를 뜻하는 '포그(fog)'의 합성어다.

바다의 깊이는 어떻게 잴까?

지구상에서 가장 높은 산은 네팔과 티베트 접경에 솟아 있는 에베레스트 산으로 그 높이가 무려 8,848m나 된다. 그런데 제아무리 에베레스트 산이라고 해도 바다에 빠지면 무사하기 힘들다. 가장 깊은 바다로 알려진 태평양 마리아나 해구의 평균 수심이 7,000~8,000m로 가장 깊은 곳은 비티아스 해연으

음향측심법

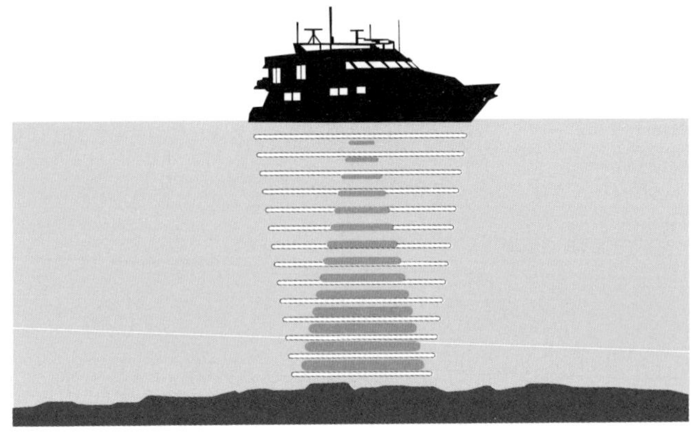

로 그 깊이가 11,034m이다.

바다의 깊이를 아는 것은 단순한 호기심의 문제가 아니다. 바다의 깊이를 알아야만 안전한 항해를 할 수 있고, 많은 물고기도 잡을 수 있다. 그래서 예부터 사람들은 바다의 깊이를 알기 위해 다양한 방법을 시도했다. 가장 보편적으로 사용된 방법은 '색측심법'이었다.

색측심법이란 긴 줄에 납과 같은 추를 매달아 바다로 던진 다음, 바다 속으로 들어간 줄의 길이로 바다의 깊이를 재는 방법으로, 포르투갈의 탐험가 마젤란이 이 방법을 이용해 세계일주에 성공하기도 했다. 그러나 색측심법으로 바다 깊이를 재기 위해서는 바다 깊이만큼의 긴 줄이 필요했고, 해류와 바다 밑 지형지물의 영향을 받기 때문에 정확한 측정값을 얻는데도 어려움이 있었다. 그래서 오늘날에는 음파를 이용해 깊이를 측정하는 '음향측심법'이 가장 보편적으로 사용된다.

음파는 수중에서 초당 1,500m를 이동한다. 음향측심법은 바로 이러한 음파의 성질을 응용하는데, 바다 속으로 음파를 발사하여 음파가 되돌아오는 시간으로 바다의 깊이를 측정한다. 가령 음파를 발사한 뒤 4초 뒤에 음파가 되돌아왔다면, 이 시간은 왕복 시간이므로 2로 나눈 뒤 초당 이동 거리인 1,500m를 곱해주면 바다의 수심이 3,000m라는 사실을 알 수 있는 것이다.

이밖에 바다의 깊이를 재는 방법으로는, 온도 차로부터 수압을 얻은 뒤 이를 다시 수심으로 환산하는 온도측심법, 수압에 의해 브로돈관과 같은 측정도구가 변하는 정도를 관찰하여 수심을 알아내는 '기계적 변형에 의한 측심법' 등이 있다.

소리로 사진을 찍는다?

휴대전화에 카메라가 달려 나오고, 골목 구석구석마다 감시 카메라가 설치되면서 우리의 모습은 쉴 새 없이 찍히고 있

다. 심지어 요즘은 엄마 뱃속에 있을 때부터 사진에 찍히는데, 산부인과에서 사용하는 초음파 사진이 바로 그것이다.

인간이 들을 수 있는 음파의 범위는 16~20kHz 사이이다. 그런데 초음파는 20kHz를 넘어 인간의 귀로 들을 수 없다. 또한 파장이 짧고 회절이 잘 일어나지 않는 성질을 갖는다.

회절이란 장애물을 만났을 때 장애물 뒤편까지 파동이 진행하는 현상으로, 담장 너머로 소리가 전달되는 현상을 떠올리면 쉽게 이해할 수 있다. 회절은 파장이 클수록 잘 일어난다. 장애물을 만나더라도 파동이 크면 다른 곳으로 돌아가 소리가 전달될 수 있고, 좁은 곳을 통과하더라도 넓게 퍼져 소리가 울려 퍼지기 때문이다.

그런데 초음파는 파동이 짧아 회절이 잘 일어나지 않는다.

초음파 사진은 바로 이러한 초음파의 특성을 이용한다. 산모의 뱃속에 초음파를 발사하면 회절이 잘 일어나지 않는 초음파는 산모의 장기나 태아에 부딪혀 되돌아오게 된다. 바로 이 신호를 센서로 받아 이미지로 변환한 것이 초음파 사진이다. 초음파 사진을 이용하면 뱃속에 있는 태아의 건강 상태나 성별, 생김새 등을 알 수 있다.

동물들은 인간보다 먼저 초음파를 이용해왔다. 눈이 거의 퇴화된 박쥐는 입이나 코에서 초음파를 발사해 되돌아오는 신호를 귀로 받아 주변의 상황을 살핀다. 돌고래도 먹이를 찾거나 대화할 때 초음파를 이용한다.

제3의 불이 타오르고 있다?

인간은 짐승처럼 추위를 견뎌낼 털도 없고, 몸을 보호할 무기도 없다. 그래서 불을 이용해 추위를 이기고 짐승의 위협으로부터 벗어났다. 그리스 신화에 따르면 인간은 본래 불을 갖지 못했는데, 프로메테우스가 제우스의 번개 지팡이에서 불씨를 훔쳐와 인간에게 나눠주면서 비로소 불을 사용할 수 있게 되었다고 한다. 프로메테우스가 준 불이 인류의 첫 번째

불이라면, 고대 그리스의 철학자 탈레스에 의해 발견된 전기는 제2의 불이라 할 수 있다. 그런데 오늘날에는 제3의 불이 타오르고 있으니, 바로 원자력이다.

원자력은 물질의 원자를 어떻게 이용하느냐에 따라 핵분열과 핵융합으로 나뉜다. 먼저 핵분열법은 원자핵을 연쇄적으로 분열시켜 에너지를 얻는다. 우라늄이나 플루토늄과 같은 중금속은 원자핵에 중성자를 충돌시키면 질량이 감소하면서 분열되는 성질을 갖는다. 가령 질량이 10인 우라늄 원자를 분열시키면 5+5가 아닌 3+3이 된다. 그리고 나머지 4는 에너지로 방출되는데, 이렇게 방출되는 에너지를 이용하는 것이 핵분열법이다. 초창기 원자폭탄이나 원자력 발전은 모두 핵분열을 이용한 것이었다.

핵분열법과 달리 핵융합법은 수소와 같이 가벼운 원자를 이용한다. 원자는 초고온 상태가 되면 그 결합이 매우 불안정해지는데, 여기에 중성자나 양자를 쏘면 더 무거운 원자핵으로 융합한다. 이 과정에서 엄청난 에너지가 발생하는데, 핵융합법은 핵분열보다 안전하기 때문에 차세대 에너지원으로 각광받고 있다.

특히 핵융합법에 사용되는 수소는 무한하고 구하기도 쉽다. 바닷물 1L에서 얻어지는 수소를 핵융합하면 석유 2~300L의 에너지를 얻을 수 있다고 한다. 우리 지구를 비춰주는 태양도 바로 이 핵융합법으로 활활 타오르고 있다. 하지만 핵융합법은 아직까지 기술적 한계로 널리 이용되고 있진 못하다.

방사능이 위험한 이유는?

귀신이 무서운 것은 무엇보다 보이지 않기 때문이다. 사람들은 보이는 것보다 보이지 않는 것에 더 큰 두려움을 느낀다. 핵폭탄이 무서운 것 역시 폭발 뒤에 발생하는 보이지 않는 죽음의 재, 방사능 때문이다.

방사능을 이루는 원자는 매우 불안정한 상태이다. 그래서 원자핵은 스스로 붕괴하면서 에너지가 높은 입자를 방출하는데, 이것이 방사선이다.

방사선은 크게 알파선, 베타선, 감마선으로 구분된다. 이 중 알파선은 강력한 에너지를 포함하지만 입자가 크기 때문에 얇은 옷조차 뚫지 못한다. 베타선 역시 알파선보다는 강한 침투력을 보이지만 얇은 철판만으로도 쉽게 차단된다. 문제는 감마선이다. 핵반응이 일어날 때 그 나머지 에너지는 대부분 빛으로 전환되는데, 이 중 파장이 짧은 빛을 감마선이라고 한다. 감마선은 침투력이 매우 강력해 콘크리트벽으로도 차

단이 되지 않는다.

방사선이 위험한 이유는 피부 속으로 침투해 세포를 상하게 하기 때문이다. 특히 세포 내 핵의 DNA를 파괴하기 때문에 백혈병, 암 등 각종 질병을 유발하고, 임신부의 몸에 침투해 기형아를 출산하게 만든다. 실제로 히로시마에 원자폭탄이 투하되었을 때 약 7만여 명이 초기 폭발로 사망했다. 그러나 이후 25만여 명이 방사능으로 인한 후유증으로 목숨을 잃었다고 한다. 방사능 오염으로 인한 사망과 질병은 오늘날까지도 끊이지 않고 있다.

아직까지 방사능을 제거할 수 있는 마땅한 방법은 없다. 또한 안정된 원소라도 방사선에 노출되면 원자핵이 방사선을 흡수하면서 불안정한 방사능 물질이 되어버린다. 그래서 방사능 물질은 특수하게 고안된 폐기물 창고에 보관되는데, 방사능이 완전히 제거되기까지는 수천에서 수십만 년이 걸린다고 한다.

투시 카메라의 원조는?

얼마 전 옷 속을 훤히 들여다볼 수 있는 투시 안경과 카메라가 등장해 사회적 파장을 일으킨 적이 있었다. 다행히 가짜로 밝혀졌지만 완전히 불가능한 이야기는 아니므로 어쩌면 우리는 투시가 되지 않는 소재의 옷을 입고 다녀야 할지도 모르겠다. 그런데 우리 대부분은 투시 카메라보다 더 투시가 잘 되는 카메라에 찍혀본 적이 있다. 바로 X선 촬영이다.

컴퓨터 단층촬영(CT), 자기공명영상(MRI) 등 보다 정밀한 장치가 등장하기 전까지, 병원에서는 환자의 몸속 상태를 알아보기 위해 X선 촬영을 했다. 빠르게 움직이던 전자가 물체에 충돌하면서 발생하는 전자기파의 일종인 X선은 전기장이나 자기장의 영향을 거의 받지 않고, 거울이나 렌즈에도 쉽게 반사되거나 굴절되지 않고 나아가는 성질을 갖는다.

X선 촬영은 이러한 성질을 이용하는데, 환자의 뒤편에 빛을 감지하는 필름을 놓고 X선을 투과시키면 환자의 몸을 통과한 X선이 필름에 형태를 남긴다. 그런데 피부나 근육은 투과가 잘 되기 때문에 필름에 하얀 형체가 남지만, 그렇지 않은 뼈와 심장 등은 검게 나타난다. 바로 이러한 원리에 따라 몸속의 모습이 찍히는 것이다.

X선 촬영에 사용되는 X선은 우연한 계기로 발견되었다. 1850년대부터 독일과 영국의 과학자들은 전기 방전관에서 나오는 음극선을 이용하여 다양한 실험을 하였다. 독일의 과학자 뢴트겐도 그 중에 하나였다. 뢴트겐은 전기 방전관에서 나오는 희미한 광선에 주목했는데 이것이 바로 X선이었다. 그러나 뢴트겐은 이 광선의 정체를 알지 못했다. 그래서 그 이름을 '정체불명의 광선'이란 뜻의 X선이라고 부르게 된 것이다.

암스트롱이 달에 새긴 발자국이 아직 남아 있다?

1969년 7월 20일, 세계인이 지켜보는 가운데 미국의 아폴로 11호는 달 착륙에 성공한다. 그리고 조종사 닐 암스트롱은 인류 최초로 달에 첫 발을 내딛은 사람이 되었다. 그런데 일

부에서는 아폴로 11호가 달에 간 적은 없으며, 아폴로 11호의 달 착륙 모습은 지구에서 촬영된 조작된 영상이라 주장한다.

만약 다시 한 번 달에 가게 된다면, 아폴로 11호가 정말로 달에 갔는지 확인할 수 있을 것이다. 달에는 풍화작용이 일어나지 않아서, 닐 암스트롱이 남긴 발자국은 물론이고 로켓이 발사된 흔적까지 그대로 남아 있을 것이기 때문이다.

'풍화작용'이란 비, 바람 등 외부적인 영향으로 지표면의 지형지물이 점차 깎이거나 닳는 현상을 말한다. 지표면에 노출된 모든 지형지물은 풍화작용의 영향을 받는데, 암석이 점차 흙이 되는 것도 풍화작용에 의한 것이다.

풍화작용은 크게 물리적 풍화와 화학적 풍화로 나뉜다. '물리적 풍화'는 화학적인 성질은 그대로 유지한 채, 그 모양이 나 형태가 변하는 것으로, 온도, 외부의 압력, 바람, 물 등에 의해 일어난다. 반면 '화학적 풍화'는 물질의 분자나 원자의 구조 자체를 바꾼다. 광물의 결정이 약한 구조로 되어 있을수록 화학적 풍화에 약한데, 화학적 풍화를 일으키는 대표적인 원인으로는 산성비가 있다. 그런데 이와 같은 풍화작용이 일어나기 위해서는 물과 공기가 존재해야 한다. 하지만 달에는 물과 공기가 존재하지 않기 때문에 풍화작용도 일어나지 않는 것이다.

옛날 사람들은 석조물을 만들 때 풍화작용을 이용하기도 했다. 바위의 틈에 물을 넣고 얼리면, 얼음이 되었을 때 부피가 커지는 물의 성질에 의해 바위가 잘려 나갔던 것이다.

고양이들이 에디슨만 보면 벌벌 떨었던 이유는?

모든 면에서 완벽할 것만 같은 위인들에게도 허물은 있다. 위대한 과학자 에디슨도 경쟁심에 사로잡혀 끔찍한 일을 저지른 적이 있었다.

우선 전기는 흐르는 방식에 따라 직류와 교류로 나뉜다. '교류'는 파동을 일으키며 계속적으로 극성이 바뀌는 전류를 말하며, '직류'는 크기와 방향이 일정한 전류를 말한다. 일반적으로 직류는 교류보다 안정적이다. 그래서 에디슨은 직류 공급 장치를 개발하고 발전소를 건설하는 등 본격적으로 전기 공급 사업에 뛰어든다.

그런데 직류는 치명적인 단점을 가지고 있었다. 전류를 먼 곳까지 보내려면 전압을 높여주어야 한다. 전압이 일정할 때 저항과 전류는 서로 반비례하는데, 거리가 멀어지면 저항이 늘어나기 때문이다. 그런데 안정적인 직류는 전압을 바꾸기가 어려운 성질을 갖는다. 그래서 일정한 직류를 공급하기 위해서는 가까운 곳에 발전소를 두어야 했다.

전압 = 전류 × 저항 → 전류 = 전압 ÷ 저항

반면 교류는 변압기를 이용한 변압이 용이하기 때문에 장거리 송전에 유리했다. 미국의 발명가이자 사업가인 웨스팅하우스는 이런 교류의 장점을 내세워 전력 공급 사업에 뛰어든다. 그런데 이때까지만 해도 제대로 된 교류 전동기가 개발되지 못해 교류의 활용도가 그리 높지 않았다. 그러나 크로아티아의 전기공학자 테슬라에 의해 효율적인 교류 전동기가 개발되면서 상황은 급격히 에디슨에게 불리하게 돌아갔다.

결국 정상적인 방법으로는 경쟁에서 이길 수 없음을 깨달은 에디슨은 불안정한 교류의 위험성을 부각시키기로 한다.

에디슨은 자신의 연구소에 사람들을 모아놓고, 고압의 교류로 고양이와 개를 잔인하게 태워 죽이는 실험을 했다. 또 교류를 이용한 사형 의자를 개발하기도 했는데, 이 때문에 웨스팅하우스는 파산 직전까지 몰리게 된다.

그러나 전기를 공급하는 데 교류가 직류보다 훨씬 효율적이란 것은 바꿀 수 없는 사실이었다. 결국 에디슨과 웨스팅하우스의 직류 · 교류 경쟁은 웨스팅하우스의 승리로 끝난다.

오늘날 우리가 사용하는 전기의 대부분은 교류이다. 그리고 직류는 건전지나 정밀을 요하는 제품생산 등에 제한적으로 사용된다.

유성이 떨어지면 불길한 일이 생긴다?

옛날 사람들은 유성이 떨어지면 불길한 일이 생길 거라며 두려워했다. 그러면서도 떨어지는 유성을 보며 소원을 빌기도 했다.

별똥별이라고도 불리는 유성은 태양 주위를 돌던 돌덩이

같은 물체가 지구의 중력에 이끌려 떨어지는 것을 말한다. 이렇게 지구로 들어오는 물체를 '유성체'라고 하는데, 유성체의 크기는 반지름 10km 정도의 소행성 크기에서부터 1mm의 작은 알갱이까지 그 크기가 다양하다. 그런데 유성이 지구에 떨어져 큰 피해를 주는 경우는 거의 없다. 대부분이 대기권에 진입하면서 마찰에 의해 불타 사라지기 때문이다. 미처 다 타지 못하고 떨어지는 것도 그 크기가 50cm 이하에 불과한데, 이것을 우리는 '운석'이라 부른다.

우리가 밤하늘에서 유성을 볼 때는 유성체가 대기권에 진입하면서 불타 사라지는 때이다. 때로는 수많은 유성이 한꺼

번에 떨어지기도 하는데, 마치 비와 같이 떨어진다고 해서 '유성우'라고 부른다.

한편 혜성이란 일정 궤도를 따라 반복해서 항해하는 행성을 말하는데, 궤도의 주기가 200년 이하인 혜성을 '단주기 혜성'이라고 하고, 그 이상인 혜성은 '장주기 혜성'이라고 한다. 지구상에서 보기에는 그 모습이 유성과 비슷하게 보이지만 완전히 다른 것이며, 혜성의 잔재가 유성이 되어 떨어지기도 한다.

행성도 퇴출당한다?

아무리 잘나가던 스타라도 인기가 떨어지면 사람들의 기억 속에서 잊히기 마련이다. 우리에게 친숙했던 명왕성도 사람들의 기억 속에서 잊혀가고 있다.

우리가 사는 지구는 태양으로부터 세 번째에 위치한 행성이다. 지구를 중심으로 태양과 가까운 수성, 금성을 '내행성', 지구보다 태양에서 멀리 위치한 화성, 목성, 토성, 천왕성, 해왕성을 '외행성'이라고 부른다. 불과 얼마 전까지만 해도 명왕성이 태양계의 아홉 번째 행성으로서 당당히 그 이름을 올렸었다.

행성이란 태양 주위를 공전하며, 스스로 빛을 내지 못하지만 태양빛을 반사하여 빛을 내는 천체를 말한다. 행성이 되기 위해서는 충분한 질량을 가지고 있어야 하고, 자체 중력으로 원형을 이루면서 지구 주위에 달이 도는 것처럼 궤도상에서 주인 역할을 해야 한다.

하지만 명왕성은 지름이 고작 2,300km 정도이며, 질량도 달보다 가볍다. 뿐만 아니라 2000년대 이후 명왕성 궤도 주변에서는 명왕성과 비슷한 천체들이 잇달아 발견되기 시작했다. 특히 2003년에 발견된 '제나'는 명왕성보다도 오히려 더 크다. 만약 명왕성이 행성의 자격을 유지한다면 다른 천체들에게도 행성의 자격을 주어야 하는 상황이 된 것이다. 결국 2006년, 국제천문연맹은 명왕성의 행성 지위를 박탈했다. 그렇게 명왕성은 왜소행성으로 전락하고 말았다.

한편 행성은 '지구형 행성'과 '목성형 행성'으로도 나뉜다. 지구를 포함하여 수성, 금성, 화성은 지구형 행성에 속하는데, 지구형 행성은 질량은 작지만 밀도가 높고 자전 주기가 짧다. 또 위성의 수가 적고 고리가 없는 특징을 갖는다. 이와 반대로 목성형 행성에 속하는 목성, 토성, 천왕성, 해왕성은 질량은 크지만 밀도가 낮고, 자전 주기기 길며, 위성의 수가 많고 고리가 있다.

양식 복어에는 독이 없다?

복어가 가진 독특한 미감은 오래전부터 전 세계의 많은 사람들에게 사랑받아 왔다. 미식가들은 복어를 철갑상어 알인 '캐비아'와 떡갈나무 숲의 땅속에서 자라는 버섯인 '트러플', 거위 간 요리인 '푸아그라'와 함께 세계 4대 진미로 꼽기도 한다. 그런데 복어는 강한 독을 가지고 있는 것으로도 유명하다. 청산가리의 10배가 넘는 테트로도톡신이라는 맹독은 해독제조차 없다. 그래서 잘 손질되지 못한 복어를 먹다가 목숨을 잃는 경우가 종종 있다.

독이란 물리 · 화학적 반응을 일으키면서 생체에 해로운 작용을 일으키는 물질을 말한다. 독은 크게 생물체에서 발견되는 '유기성 독'과 무생물에서 발견되는 '무기성 독'으로 나뉘는데, 복어나 뱀, 독버섯의 독이 대표적인 유기성 독이며, 무기성 독으로는 청산가리, 비소, 안티몬 등이 있다.

독은 작용하는 형태에 따라서도 세포나 조직, 혈관에 직접 작용하여 조직에 상처를 내거나 출혈을 일으키는 조직계와 신경을 마비시켜 심장마비나 호흡 곤란을 일으키는 신경계로 나뉜다. 복어의 독은 신경계에 해당한다.

복어의 피와 내장, 난소에 포함된 테트로도톡신은 1mg만 먹어도 온몸이 마비되고 호흡이 곤란해지면서 사망에 이를

수 있다. 복어 한 마리에는 성인 20~30명의 생명을 앗아갈 수 있는 테트로도톡신이 포함되어 있다고 하는데, 복어가 스스로 테트로도톡신을 만들어내진 못한다.

테트로도톡신은 복어의 먹이가 되는 해양 세균이 생산해낸 것으로, 먹이 섭취 과정에서 복어의 몸에 축척된다. 따라서 사람들이 주는 먹이를 먹고 자란 양식 복어의 경우 몸 안에 독을 포함하고 있지 않거나, 아주 조금만 포함하고 있을 뿐이다. 하지만 복어의 독은 아주 적은 양으로도 위험할 수 있기 때문에, 양식 복어를 먹을 때도 반드시 전문 요리사의 손을 거쳐야 한다.

담배는 왜 끊기 힘들까?

어른들은 담배가 몸에 해로운 줄 뻔히 알면서 선뜻 담배를 끊지 못한다. 담배나 술, 마약 등 한번 접하면 좀처럼 끊기 힘든 물질을 '중독성 물질'이라고 한다. 중독성 물질이 끊기 힘든 것은 '도파민'이라는 물질 때문이다. 도파민은 두뇌 앞쪽 뇌교 부위의 신경세포에서 분비되는 신경전달 물질로, 행복한 기분을 담당한다. 그런데 담배 등 중독성 물질은 이 도파민의 분비를 촉진시킨다. 그래서 병원에서는 마약과 같은 물질을 우울증 환자나 말기 암환자를 치료하는 데 이용하기도 한다.

하지만 도파민이 우리의 몸에 좋은 역할만을 하는 것은 아니다. 도파민이 과다 분비되면 기분이 들뜨고 사물을 과장하거나 왜곡해서 보게 된다. 그때 우리 몸은 과다 분비된 도파민을 제거해, 정상으로 돌아올 수 있도록 한다. 하지만 이러한 과정이 반복해서 일어나다 보면 우리 몸은 도파민이 과다 분비된 상태가 정상인 것으로 인식하게 된다. 그래서 현실과 가상을 구별하지 못하는 지경에 이르는데, 이것이 바로 중독이다.

일단 중독이 되면 다시 원래대로 돌아가기는 매우 어렵다. 중독 물질을 끊으면 도파민 분비가 줄어들면서 매우 우울한 상태가 된다. 그리고 불안과 초조에 시달리게 되기 때문이다. 이러한 현상을 '금단 현상'이라고 하는데, 담배를 끊기 힘든 이유도 바로 여기에 있다.

중독은 술이나 담배, 마약과 같은 물질에 의해서만 일어나는 현상은 아니다. 우리가 흔히 접하는 초콜릿이나 커피도 지나치게 섭취하다 보면 중독이 될 수 있다. 또, 컴퓨터 게임이나 운동도 지나치면 중독이 될 수 있는데, 간혹 뉴스에서는 게임 속과 현실을 구분하지 못하고 범죄를 저지른 어느 게임 중독자의 이야기가 보도되곤 한다.

3차원 그래픽 캐릭터가 살아 움직일 수 있는 비결은?

3차원 그래픽 기술이 발전하면서 애니메이터들은 공룡이나 외계인은 물론이고, 사람의 모습도 진짜처럼 구현해낸다. 그러나 아무리 뛰어난 애니메이터라도 사람의 동작을 그대로 표현하는 것은 쉽지 않다. 사람의 동작은 수많은 근육과 관절의 작용에 의해 일어나는 것으로, 완벽하게 구현하더라도 세밀한 근육의 움직임까지 표현하려면 너무도 많은 시간이 걸리기 마련이다. 그래서 등장한 것이 바로 '모션 캡쳐 기술'이다.

모션 캡쳐 기술이란 실제 사람의 움직임을 데이터화하여 캐릭터에 적용하는 기술로, 마치 인형 속에 사람이 들어가 움직이는 것과 같은 이치다. 모션 캡쳐의 방법으로는 크게 음향식, 기계식, 자기식, 광학식의 4가지 방법이 있다.

음향식은 사람이나 물체에 초음파를 발생시키는 장치를 장착하고, 그 주변에 3개의 수신 장치를 두어 초음파가 수신 장치에 도달하는 시간을 계산하여 움직임을 감지하는 방식이다. 그런데 초음파가 여러 군데에서 발생하면 제대로 된 계산이 어렵기 때문에 복잡한 동작을 구현하긴 힘들다.

기계식은 이런 음향식의 단점을 보완한다. 기계식은 사람의 관절에 기계 장치를 달고, 관절의 움직임에 따라 기계가 움직인 각도를 측정한다. 덕분에 각 관절의 움직임을 보다 정확히 계산할 수 있는 장점이 있다. 하지만 무거운 기계 장치를 달아야 하기 때문에 연기가 부자연스럽다는 단점도 있다.

자기식은 사람의 각 관절에 작은 센서를 부착하고 센서에 연결된 선을 통해 그 신호를 받아 움직임을 데이터화한다. 자기식은 비교적 비용이 적게 들고 기계식보다 자연스러운 연기가 가능한 장점이 있다. 그러나 거추장스럽게 여러 가닥의 선을 몸에 달고 연기를 해야 하기 때문에 연기가 부자연스럽기는 마찬가지다.

마지막으로 광학식은 최근 가장 주목받는 모션 캡쳐 방식이다. 반사성이 좋은 마커를 몸에 붙이고 적외선 불빛이 나오는 적외선 카메라로 움직임을 감지하는 광학식은 다른 방식에 비해 자연스러운 연기가 가능하고 세세한 동작까지 잡아낼 수 있다. 그러나 장비가 비싸고 외부에서 들어온 빛에 간섭을 받는 단점이 있다.

CHAPTER 6
생활 속에 숨어 있는 과학 원리 지도

우주에서는 진공청소기로 청소를 할 수 없다?

인류는 작은 생각의 차이를 통해 큰 진보를 이루어왔다. 영국의 과학자 휴버트는 먼지를 빨아들이면 더욱 효과적으로 청소를 할 수 있을 것이라 생각하고, 손수건에 입을 대고 먼지를 빨아들여 보았다. 그리고 연구에 연구를 거듭한 결과 '전동펌프로 공기를 흡입해 천으로 만든 필터에 투과시키는 청소기'를 만들어냈다. 하지만 휴버트의 청소기는 너무 크고 무거웠다. 무게가 49kg로 마차에 싣고 다녔어야 할 정도였고 소음도 대단했다. 때문에 일부 청소업체들이 대형 공간을 청소하는 용도로만 사용됐다.

진공청소기는 이름 그대로 먼지를 빨아들이기 위해 진공의 원리를 이용한다. 그러나 진공청소기 안이 정말로 공기가 전혀 없는 진공 상태가 되는 것은 아니다.

진공청소기의 전원을 켜면 청소기 안에 장착된 모터가 돌면서 청소기 안의 공기가 바깥으로 빠져나간다. 진공청소기 안은 바깥보다 공기가 적은 낮은 기압의 상태가 된다. 진공청소기 안에 낮은 기압이 형성되면서 부족한 공기를 매우기 위해 외부의 공기가 청소기 안으로 빨려 들어온다. 이 과정에서 먼지나 쓰레기도 함께 빨려 들어온다. 이는 주사기를 잡아당기면 주사약이 빨려 들어오는 것과 같은 원리다.

그런데 이렇게 유용한 진공청소기도 우주 공간에서라면 아무 쓸모가 없다. 우주 공간은 완벽한 진공 상태이므로, 진공청소기 안의 기압이 바깥보다 더 낮아질 수 없기 때문이다.

뜨거운 음식을 담아두었던 그릇의 뚜껑이 잘 열리지 않는 경우가 있다. 이는 그릇 안의 공기가 식으면서 공기가 수축되어 공기가 뚜껑을 잡아당기기 때문이다. 이때는 따뜻한 물에 그릇을 담거나 전자레인지에 넣어 그릇 안 공기를 다시 팽창시켜주면 된다.

냉장고를 열어두면 오히려 더워진다?

선풍기는 회전하는 팬을 통해 주변 공기를 그대로 내보낸다. 때문에 선풍기를 아무리 강하게 틀어도 실내 온도의 변화는 거의 없다. 그런데도 선풍기의 바람이 시원하게 느껴지는 것은 선풍기의 바람에 의해 피부의 수분 증발이 촉진되기 때문이다. 수분이 증발하기 위해서는 열이 필요한데, 선풍기 바람에 의해 수분 증발이 촉진되면서 피부 주변의 열도 함께 가져가는 것이다.

그런데 무더운 여름이 되면 선풍기도 무용지물, 선풍기에서 나오는 바람마저 뜨겁게 느껴진다. 여름에는 역시 에어컨만한 것이 없다. 선풍기와 달리 에어컨에서 차가운 바람을 직접 만들어 내뿜는다. 하지만 에어컨이 시원하게 느껴지는 것은 선풍기의 바람이 차갑게 느껴지는 원리와 별반 다르지 않다.

에어컨은 크게 압축기, 응축기, 팽창밸브, 증발기로 구성된다. 에어컨에서는 피부에 남은 수분의 역할을 프레온가스가 대신하는데, 압축기에서 압축된 고온 고압의 프레온가스는 팽창밸브에서 급속히 팽창된다. 그리고 증발기에서 증발하면서 차가운 냉기를 만들고, 증발기 뒤쪽에 있는 팬을 통해 외부로 내보내진다. 덕분에 에어컨에서 나오는 바람은 매우 차갑다.

초기 에어컨의 냉각제로 암모니아, 염화메틸, 프로판 등의 기체가 쓰였는데 독성과 가연성 때문에 이러한 기체들이 누출될 경우 위험했고 사고도 잦았다. 1920년대 인체에 안전한 프레온을 개발했으나 이후 프레온이 대기의 오존층을 파괴한다는 사실이 밝혀졌다. 현재 에어컨에 가장 많이 사용되는 냉매는 R-22로 알려진 HCFC인데 역시 오존층을 파괴하는 물질이다. R-22는 우리나라의 경우 2013년까지 생산 · 수입을 제한해 2030년에는 완전히 금지될 전망이다.

냉장고의 원리도 에어컨과 크게 다르지 않다. 하지만 냉장고를 열어둔다고 해서 시원해지는 것은 아니다. 증발하면서 주변의 열을 흡수한 프레온가스는 응축기에서 다시 액화되면서 열을 내뿜는데, 에어컨은 이런 응축기를 바깥에 두기 때문에 실내의 온도에 영향을 주지 않는다. 그러나 냉장고의 경우 응축기가 냉장고의 뒤편에 달려 있다. 그래서 냉장고 문을 열면 처음엔 시원하지만 시간이 지나면서 응축기의 열이 고스란히 방출되어 오히려 실내 공기를 높인다.

전자레인지로는 마른 오징어를 구울 수 없다?

불의 사용은 인류의 생활에 많은 변화를 가져다 주었다. 무엇보다 불을 사용하게 되면서 음식을 익혀 먹을 수 있게 되었다. 그런데 오늘날에는 불이 없더라도 음식을 익혀 먹을 수 있는 다양한 방법이 있다. 그 가운데 하나가 전자레인지이다.

모든 음식물에는 수분이 함유되어 있다. 그리고 물분자는 +전하를 띠는 수소이온과 −전하를 띠는 산소이온의 결합으로 이루어져 있다. 그런데 평상시 물분자들은 같은 방향을 바라보지 않고 무질서하게 배열되어 있다. 전자레인지는 바로 이러한 물의 성질을 이용한다.

전자레인지의 스위치를 누르면, 전자레인지는 2,450MHz의 마이크로파를 만들어낸다. 마이크로파에 의해 전자레인지 안의 한쪽에는 +극이, 다른 한쪽에는 −극이 형성되는데, 이에

따라 +극을 띠는 수소이온은 −극을 향하게 되고, −극을 띠는 산소이온은 +극을 향하게 된다. 이는 서로 다른 극끼리 만나려는 자석의 성질과 같다.

그런데 이러한 과정은 단 한 번만 이루어지는 것이 아니다. 마이크로파가 전자레인지의 내부에서 반사되고, 전자레인지의 팬이 돌면서 전자레인지 내부의 극성은 1초에 약 24억 5천만 회 뒤바뀐다. 이에 따라 물분자도 끊임없이 위치를 달리하는데, 이렇게 계속적으로 물분자의 방향이 바뀌면서 물분자 간에는 마찰이 생긴다. 바로 이때 발생하는 마찰에 의해 열이 발생하고 전자레인지 안의 음식이 익게 된다.

이처럼 전자레인지는 음식물 안의 수분을 이용해 음식을 익히기 때문에 마른 오징어와 같이 건조한 음식은 잘 익히지 못한다. 물론 마른 오징어 안에도 적은 수분이 포함되어 있기는 하지만, 바짝 마른 탓에 금세 타버리곤 한다.

전자파를 먹고사는 식물이 있다?

통화는 짧게 용건만 간단히 해야 한다. 물론 비싼 요금 때문에 나온 말이겠지만, 앞으로는 건강을 위해서라도 통화는 짧고 간단하게 할 필요가 있다.

전기가 흐르면 그 주위로 전자기장이 발생한다. 전자기장이란 전기나 자기의 흐름에서 발생하는 전자기에너지로, 전기적 성질과 자석의 성질이 반복해서 나타나면서 파도처럼 퍼져 나가기 때문에 '전자파'라고도 부른다.

그런데 전자파는 인체에 심각한 부작용을 일으킬 수 있다. 특히 뇌와 가까운 곳에서 작동하는 휴대전화가 발생시키는 전자파의 위험은 사회적인 문제로 대두되고 있다. WHO 산하 국제암연구소(IARC)에서는 휴대전화 전자파(RF)의 암 발생 등급을 2B로 분류하고 있다. IARC의 암 발생 등급은 크게 4등급으로 나뉘는데, 1등급은 '인체발암물질'로 석면, 담배, 벤젠 등 88종이 여기에 해당된다. 2등급은 2A(인체발암추정물질)와

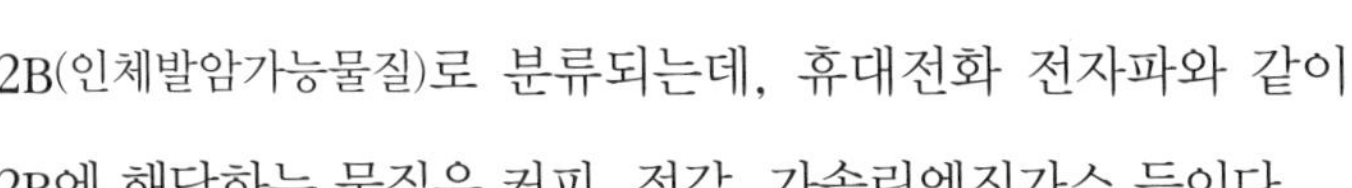

2B(인체발암가능물질)로 분류되는데, 휴대전화 전자파와 같이 2B에 해당하는 물질은 커피, 젓갈, 가솔린엔진가스 등이다.

그래서 각국은 휴대전화에서 발생하는 전자파가 인체에 얼마나 흡수되는가를 나타내는 '전자파 인체 흡수율'의 기준을 정하고 이를 제품에 표시해 소비자에게 알리도록 하고 있다.

전자파가 인체에 미치는 영향은 전자레인지의 원리에서 쉽게 알 수 있다. 고출력 마이크로파로 음식물 속 물분자를 진동시켜 음식을 익히는 전자레인지와 마찬가지로, 휴대전화 등에서 나오는 전자파도 신체에 흡수되어 세포 속의 물분자를 진동시킨다. 한 연구에 따르면, 오랜 시간 휴대전화를 사용했을 때 피부의 온도에는 큰 변화가 없었지만 피부 속의 온도는 증가하는 것으로 나타났다. 때문에 오랜 시간 전자파에 노출되면 눈의 충혈, 두통은 물론이고 백혈병, 뇌종양, 순환계 이상, 생식기능 파괴 등의 질병이 유발될 수 있다.

한편, 선인장이나 산세베리아 등의 식물은 전자파를 흡수하는 것으로 알려져 있다. 그래서 컴퓨터나 TV 등의 옆에 함께 놓기도 하는데, 국립전파연구원 시험 결과, 숯 · 선인장 · 황토 · 차단제품 등이 전자파를 줄이거나 차단하는 효과가 없는 것으로 나타났다. 오히려 전자파 안전거리를 지키는 것이 노출을 줄이는 데 도움이 된다.

변기에 물을 부으면 물이 줄어드는 이유는?

자고로 그릇에 물이 가득 차면 넘치는 법이다. 그런데 양변기만큼은 예외다. 볼일을 보고 난 뒤 손잡이를 내리면 물이 차기는커녕 오히려 변기 안의 물은 구멍 속으로 빠져나가 버린다.

많은 양의 물을 쏟아 부었는데도 양변기 안의 물이 넘치지 않는 이유는 양변기 구멍이 N자형의 관으로 이어져 있기 때문이다. N자형 관은 관 속의 물이 내려가다가 꺾여서 솟아 올라간 다음 다시 내려가야 하는 구조로 되어 있어서 일정 이상의 압력이 가해지지 않으면 관 속의 물은 관을 타고 오르지 못하고 고여 있게 된다. 그래서 평상시 양변기 안의 물은 줄지도 넘치지도 않고 일정하게 유지된다.

그런데 손잡이를 내리면 일시적으로 양변기 안에 물이 가득차면서 관 안에 고여 있는 물을 밀어내는 힘도 강해진다. 일정 압력을 넘으면 N자형 관 안에 고여 있던 물은 관을 타고 넘으며 하수구로 빠져나간다. 이때 관 속의 물이 빠져나가면서 양변기 안의 물과 오물도 함께 빠져나간다. 그런데 양변기 손잡이를 내렸을 때, 흘러 내려온 물보다 더 많은 물이 구멍 속으로 한꺼번에 빠져나가는 것을 볼 수 있다. 이는 계단에서 한 사람이 넘어지면 뒤따라오던 사람들도 와르르 무너져 내리는 것과 같은 이치다.

물은 서로 엉기려는 응집력이 강한 편이다. 그래서 관 속의 물이 빠져나가면서 양변기 안에 고여 있던 물도 함께 끌고 내려간다. 뿐만 아니라 밀폐된 관 속은 빨대의 역할을 하며 더욱 강력한 힘으로 양변기 안의 물을 빨아들인다. 이렇게 양변기 안의 물이 모두 빠져나간 다음에야 양변기 안은 새로 흘러내린 물로 채워진다.

그런데 우리 선조들은 이미 오래전에 양변기의 원리를 알

고 있었다. 선조들은 일정량 이상의 술을 채우면 잔 속의 술이 몽땅 빠져나가 버리는 '계영배'란 술잔을 사용하며, 지나친 음주를 삼가고자 했다.

안경을 쓰면 평면이 입체처럼 보인다?

3차원 입체 그래픽 기술이 발전하면서 현실에서 존재하지 않는 로봇과 공룡들이 실제 존재하는 것처럼 스크린을 누빈다. 3차원으로 제작된 게임은 게이머로 하여금 마치 현실에 있는 착각마저 들게 한다. 그러나 아무리 섬세한 3차원 그래픽을 구현하더라도 보이는 화면이 평면이라는 한계를 지닌다. 그런데 최근에는 영상 자체를 입체적으로 보이도록 하는 기술이 선보이고 있다. 바로 3차원 입체 영상 기술이다.

우리의 눈은 두 개다. 각각의 눈이 보는 시점은 조금 다르다. 그래서 우리의 뇌는 양쪽 눈이 전해온 정보를 하나로 합쳐 인식하는데, 사물이 입체적으로 보이는 이유는 바로 여기에 있다. 오늘날 널리 활용되는 3차원 입체 영상 기술은 바로 이런 눈의 원리를 응용한 것이다.

3차원 영상은 촬영 단계부터 일반적인 촬영과 다른 방식으

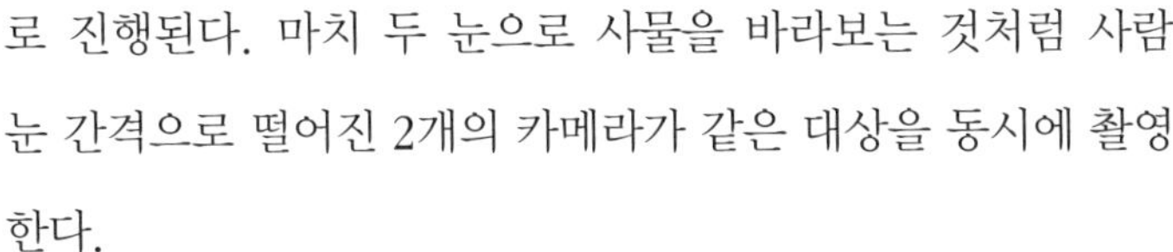
로 진행된다. 마치 두 눈으로 사물을 바라보는 것처럼 사람 눈 간격으로 떨어진 2개의 카메라가 같은 대상을 동시에 촬영한다.

3차원 TV나 영사기는 이렇게 촬영된 영상을 각각 따로 영사한다. 때문에 맨눈으로 3차원 영상을 보면 영상이 번져 보이는데, 특수 제작된 안경은 이러한 영상을 하나로 합쳐 보이도록 해준다. 양쪽 눈에서 보이는 정보를 모아 입체적으로 인식하게 하는 뇌의 역할을 안경이 대신 해주는 것이다.

3차원 특수 안경은 크게 편광과 액정셔터 방식으로 나뉜다. 편광 안경의 경우 왼쪽 렌즈는 수평의 빛만 통과시키고 오른쪽은 수직의 빛만 통과시켜 영상을 입체적으로 보이도록 한다. 반면 액정셔터 안경은 두 렌즈가 60분의 1초 단위로 번갈아가며 화면을 차단해 양쪽 영상이 하나로 합쳐 보이도록 만든다.

그런데 3차원 영상을 즐기기 위해선 반드시 특수 안경이 필요한 것은 아니다. 정해진 위치에서 좌우의 영상이 각각 양쪽에서 보이게 하면 3차원 특수 안경 없이도 3차원 영상을 즐길 수 있다. 그러나 이러한 방식은 정해진 자리에서만 영상을 봐야 하는 불편함이 따른다. 또 여러 사람이 함께 3차원 입체 영상을 즐기기도 곤란하다. 하지만 기술이 발전함에 따라 앞으로는 특수 안경 없이도 자유롭게 3차원 입체 영상을 즐기게 될 것이다. 그리고 궁극적으로는 단순히 3차원처럼 보이는 것이 아니라 정말로 입체적인 영상이 눈앞에 펼쳐 보이는 홀로그램 입체 영상이 등장하게 될 것이다.

정전기로 사진을 찍는다?

디지털 시대를 사는 요즘, 매체의 복사가 쉬워지면서 영화나 음악에 대한 불법 복제가 사회적인 문제로 대두되고 있다. 그런데 복제의 원조는 역시 복사기를 빼놓을 수 없다.

복사기 위에 복사할 대상을 놓고 복사 버튼을 누르면 유리판 밑에 달린 장치가 빛을 내며 대상을 읽고 지나간다. 이때 빛은 복사할 대상에 닿았다가 거울을 통해 드럼이란 장치로 반사된다. 드럼에는 투명한 셀레늄으로 코팅된 광전도판이 달려 있다. 셀레늄은 반도체로서 평소에는 양(+)의 성질을 띠다가 빛을 받으면 음(−)의 성질로 변하는 특징을 갖는다. 복사기는 바로 이러한 셀레늄의 원리를 이용한다.

글자나 그림이 있는 어두운 부분은 빛의 대부분을 흡수하기 때문에 거울을 통해 드럼으로 빛이 잘 반사되지 않는다. 반면 밝은 부분은 거울을 통해 반사되어 드럼의 표면을 음의 성질로 바꾼다. 이렇게 글자나 그림의 모양에 따라 성질이 바뀐 드럼 위에 음의 성질을 띠는 토너를 가져다 대면, 양의 성질을 띠는 부분에 토너 가루가 달라붙게 된다. 여기서 토너란 잉크 역할을 하는 검은색 탄소가루를 말한다.

탄소가루가 달라붙은 드럼은 더 강한 양의 성질로 대전된 종이와 만난다. 그러면 드럼에 달라붙어 있던 탄소가루는 종이로 옮겨 붙는다. 이러한 과정을 거치며 종이에 복사한 형태가 인쇄되는 것이다. 그런데 복사기에서 인쇄되어 나온 종이를 만져보면 매우 뜨거운 것을 알 수 있다. 이는 토너가루가 종이에 잘 들러붙도록 복사기에서 열을 가했기 때문이다.

컬러로 복사하는 방법도 그 과정이 흑백으로 복사할 때와 크게 다르지 않다. 다만 컬러 복사기에는 노랑, 빨강, 파랑의 토너가 따로 장착되어 있다. 컬러 복사기는 세 번 이상의 과정을 반복하면서 색을 조합해 원본과 똑같은 색상을 만들어 낸다.

전기를 쓰지 않아도 계량기가 도는 이유는?

개인의 입장에서는 절약해서 저축을 늘리는 것이 합리적이지만, 사회 전체에는 오히려 소득의 감소를 초래할 수 있다. 모든 사람이 저축을 늘릴 경우, 수요가 감소해 국민소득이 줄어들게 된다. 국민소득 가운데 차지하는 저축의 비율은 높아질 것이지만 저축의 절대액은 변하지 않거나 오히려 감소할 수 있다는 것이다. 이것이 케인스의 '절약의 역설'로 저축이 증가하는 반면 투자는 그대로 있다는 가정을 전제로 한다. 이것은 주로 선진국에서 불경기에 처해 있을 경우에 해당되는 이론이다.

그런데 전기만큼은 아무리 아껴 쓰더라도 나쁠 것이 없다. 전기를 절약하는 첫 단계는 전자제품의 코드를 뽑는 것이다. 코드를 뽑지 않고 전원만 끄면, 전자제품 내부에 미세한 전류

가 흐르면서 전기는 계속 소모된다. 그 이유는 전자제품이 언제나 작동할 준비를 하고 있기 때문이다. 예를 들어, 텔레비전은 꺼졌을 때도 리모컨의 신호를 기다린다. 그리고 리모컨의 전원 버튼을 누르면 신호를 받아 전원이 켜진다. 프린터나 복사기도 언제든 인쇄를 할 수 있도록 토너를 데워놓는다. 이 밖에 많은 전자제품에는 시간이나 온도, 상태 등을 나타내는 디스플레이 장치가 달려 있다. 코드를 뽑지 않고 전원만 꺼놓으면 디스플레이 장치가 작동되면서 전기를 소모한다.

스피커의 볼륨을 올리면 소리가 커지는 것은, 저항이 낮아지면서 스피커 내부에 더 많은 전류가 흐르게 되기 때문이다. 냉장고나 전기난로의 온도를 조절하는 것도 마찬가지의 원리에 따른다. 따라서 스피커의 볼륨을 낮추거나 냉난방기기의 온도를 적정 온도로 맞추는 것도 에너지를 절약하는 한 방법이 될 것이다.

자판기 커피에 스푼이 필요 없는 이유는?

자판기에 동전을 넣고 버튼을 누르면 컵 하나가 뚝 떨어진다. 그리고 곧바로 커피가 흘러내려 컵에 담긴다. 하지만 자판기가 미리 커피를 타놓고 손님을 기다리는 것은 아니다.

자판기는 커피를 분말 형태로 보관하고 있다가, 사람이 버튼을 누르면 알맞은 양의 커피 분말을 관을 통해 내보낸다. 그리고 특수하게 설계된 통로를 지나면서 커피 분말은 물과 만나 빙글빙글 돌게 된다. 그 덕분에 자판기에서 나오는 커피는 따로 저을 필요가 없다.

한편, 자판기는 사람이 넣은 돈을 식별하는 방법에 따라 기계식과 전자식으로 나뉜다. 기계식은 크기나 무게로 돈을 식별하는데, 일정한 무게 이상의 동전이 투입되면 자판기 내부에 설치된 지렛대가 움직이면서 동전을 통과시키고 그렇지 않은 동전은 반환구로 내보낸다. 또, 동전이 통하는 입구의 크기를 조절해 적합한 크기의 동전만 통과하도록 하기도 한다. 그런데 기계식은 크기나 무게로 돈을 식별하기 때문에 교묘하게 만들어진 가짜 동전은 잘 구별하지 못한다. 종이로 된 지폐도 식별할 수 없다. 때문에 요즘에는 전자식 자판기가 주로 사용된다.

전자식은 투입구에 들어온 동전에 전류를 흘려 동전의 진위 여부를 판별한다. 동전의 성분에 따라 흐르는 전류의 양이 다르다는 점을 이용하는 것이다. 이 과정을 무사히 통과한 동전은 광센서가 장착된 통로를 지나면서 크기와 속도가 측정된다. 바로 이 과정에서 투입된 동전의 금액이 계산된다. 이

처럼 전자식은 돈의 재질을 분석해 돈의 진위 여부를 파악하기 때문에, 지폐 사용도 가능하다. 지폐는 위조를 방지하기 위한 다양한 처리과정을 거치는데, 자판기에 장착된 센서는 지폐의 크기와 재질, 지폐에 그려 있는 마그네틱 선, 인쇄 잉크에 포함된 철 성분 등을 감지하여 지폐의 진위 여부와 금액을 확인한다.

전화기는 어떻게 사람의 말을 알아들을까?

과거에는 전화를 걸려면 동그란 다이얼을 돌려야 했다. 그러다가 버튼을 누르는 전화기가 등장하면서 사람들은 전보다 손쉽게 전화를 걸 수 있게 되었다. 그런데 요즘에는 손가락을 움직이지 않고도 목소리만으로 전화를 걸고, 심지어 날씨나 뉴스 등 각종 정보도 찾아볼 수 있게 되었다. 이렇게 말로 명령어를 전달하는 기술을 '음성 인식 기술'이라고 한다. 음성 인식 기술은 전화기뿐만 아니라 컴퓨터, 가전, 게임기 등 다양한 분야에 응용되고 있다.

음성 인식 기술은 사람의 말을 저장하는 데서부터 시작된다. 가령 '삭제'란 단어를 저장해놓고 사람이 삭제라고 말하면 기계는 삭제란 단어를 인식해 파일이나 문서를 삭제한다. 물론 삭제 외에 '제거' '지우기' 등 더 많은 단어를 저장해놓으면 기계는 더욱 다양한 어휘에 반응할 수 있게 된다.

그런데 기계가 사람의 말을 정확하게 인식하고 반응하는 것은 생각보다 어려운 일이다. 사람마다 목소리도 다르고 말하는 습관도 다르기 때문이다. 게다가 말을 할 때 틀린 단어를 사용하거나 잘못된 발음을 구사하는 경우도 종종 있다. 서로 얼굴을 마주보고 나누는 대화라면 말뿐만 아니라 상대의 입모양이나 몸짓 등을 종합적으로 파악해 그 의미를 이해하곤 한다.

하지만 기계는 사람처럼 종합적으로 파악해 이해할 수는 없다. 대신 기계는 확률에 따라 그 의미를 파악한다. 가령 어떤 사람이 '배가 먹고 싶다'라고 발음했을 때, 기계는 '먹는 배' 말고도 '타는 배'나 '복부를 의미하는 배' 등 같은 발음의 많은 단어를 동시에 검색한다. 그리고 그 중에 '먹는다'와 가장 어울리는 먹는 배를 적합한 단어로 선택한다. 마찬가지로 말하는 사람이 잘못된 발음을 했더라도, 유사한 발음의 단어나 문장 중에서 가장 확률이 높은 것을 선택해 반응한다.

그래서 음성 인식 기술의 핵심은 사람의 음성을 얼마나 빨리 인식하고 정확하게 반응하느냐에 있다. 음성 인식 기술이 지금보다 더욱 발달한다면, 앞으로는 컴퓨터 키보드를 두들기는 속도보다 말을 빠르게 하는 것이 더욱 중요해지는 시대가 올지도 모른다.

간장을 담글 때 숯을 넣는 이유는?

검게 탄 나무에 불을 붙이면 더 이상 불이 붙지 않는다. 이미 모두 타버렸기 때문이다. 그런데 검게 탔는데도 오히려 더 뜨거운 열을 내며 타는 나무가 있다. 바로 숯이다.

숯은 고온의 불가마에 나무를 넣고 장시간 구워서 만들어 낸다. 무엇이든 불에 타려면 강한 열과 함께 산소가 필요하다. 촛불에 컵을 씌우면 금세 불이 꺼지는 이유도 바로 이 때문이다. 그런데 숯을 구울 때는 가마 안으로 공기가 들어가지 않도록 가마 주변을 흙으로 꽁꽁 틀어막는 것을 볼 수 있다.

나무를 이루는 성분 중 절반은 탄소이다. 탄소는 불이 탈 때 주요한 연료가 되는데, 석탄을 이루는 성분의 대부분도 바로 탄소다. 탄소는 불에 타면서 대기 중의 산소와 결합해 이산화탄소가 되어 하늘로 날아가 버린다. 그런데 산소가 공급되지 않는 가마 안에서 열을 받는 나무는 타지 않고 탄소를 잃지도 않는다. 숯이 불에 잘 타는 이유도 바로 이 때문이다.

숯은 제조 과정에서 다른 불순물을 날려버리고 85퍼센트 이상의 탄소를 포함하게 된다. 이렇게 만들어진 숯에 불을 붙이면 나무보다 더 강한 고온의 열을 내는 것이다.

숯의 효능은 여기서 그치지 않는다. 숯이 만들어질 때 나무에 있던 성분이 빠져나가면서 표면에 무수히 많은 구멍이 생기는데, 이 구멍들이 대기 중의 나쁜 물질이나 냄새를 빨아들이는 역할을 한다. 또 칼슘, 칼륨, 철, 인, 나트륨, 구리, 아연, 망간, 마그네슘 등 유익한 미네랄을 함유하고 있어 인체에 유익할 뿐만 아니라, 음이온 상태의 숯은 주변 물질의 산화를 방지하는 역할을 한다. 간장을 담글 때 숯을 넣는 이유 또한 숯이 나쁜 이물질을 흡수해 간장이 오염되는 것을 막아주기 때문이다.

CHAPTER 7
미래로 가는 과학 지도

잭이 산 마법 콩의 정체는?

어머니의 약값을 마련하기 위해 소를 팔러 나간 잭이 돈 대신 콩을 받아오자, 화가 난 어머니가 콩을 창 밖에 던져버리고, 다음날 하늘 끝까지 자란 콩나무를 타고 하늘나라에 간 잭이 거인의 황금알을 훔쳐 부자가 되었다는 『잭과 콩나무』는 누구나 한 번쯤 읽어보았을 동화다. 그런데 동화 속에서나 가능했던 이야기가 오늘날 현실로 이뤄지고 있다.

『잭과 콩나무』에 나오는 콩은 오늘날로 보면 '유전자 변형 식품'에 해당한다 할 수 있다. 유전자 변형 식품이란 생산량을 증가시키고 유통 및 가공 과정의 편의를 위해 의도적으로 유전자를 조작한 식품을 말한다. 가령 병충해에 약한 유전자를 제거하고, 그 자리에 병충해에 강한 유전자를 대체시켜 작물의 생산량을 늘리는 것이다.

유전자 변형 기술은 폭발적인 인구 증가에 따른 식량 부족 현상을 해결하기 위한 대책으로 각광받고 있다. 1995년, 미국 몬산토 사가 처음으로 콩의 유전자를 조작하여 병충해에 대한 면역을 높여 수확량을 크게 늘려 이를 상품화하는 데 성공하였다. 현재 전 세계적으로 유통되는 유전자 변형 식품은 콩, 옥수수, 감자 등 약 50여 개 품목이다.

그러나 유전자 변형 식품에 대한 우려의 목소리도 높다. 아

직까지 유전자 변형 식품이 인체에 어떤 영향을 끼치는지에 대해서는 명확히 밝혀진 바가 없다. 하지만 자연의 이치를 거스르면 무서운 결과가 초래되는 것을 우리는 수많은 경험을 통해 학습해왔다. 때문에 우리나라를 포함하여 많은 나라들이 유전자 변형 식품의 수입을 엄격히 통제하거나, 제품에 유전자 식품임을 표시하도록 하고 있다. 또한 유전자 변형 작물이 다른 일반 작물에 영향을 주는 것을 막기 위해, 유전자 변형 작물이 재배되는 주변이나 재배되었던 곳에 일반 작물을 재배하지 못하도록 하고 있다.

그러나 유전자 변형 식품은 어느새 우리 생활 속에 깊숙이 자리 잡고 있다. 우리가 먹는 두부의 약 80퍼센트가 유전자 변형으로 재배된 콩으로 만들어진 것이며, 값싼 옥수수 통조림 역시 유전자 변형 옥수수로 생산된 것들이라고 한다.

이젠 먼지도 똑똑해지는 시대가 온다?

그동안 먼지는 더럽고 가치 없는 것으로만 여겨졌다. 그러나 이제는 먼지라고 무시해선 안 될 것 같다. 앞으로는 똑똑한 먼지가 등장할 것이기 때문이다.

똑똑한 먼지, 즉 '스마트 더스트(Smart Dust)'란 주변의 온도, 습도, 가속도, 압력 등을 감지하고 분석할 수 있는 능력을 지닌 10mm² 이하의 초소형 센서를 말한다. 미국의 경제지 『포춘』이 세계를 바꿀 10대 기술 가운데 하나로 선정한 미래기술이다. 이것을 국가 주요 시설이나 지하철, 사무실, 의복 등 곳곳에 뿌려놓으면 주변 상태를 감지해 만일의 사태에 대비할 수 있게 해준다.

예를 들어 스마트 더스트를 내장한 옷은 주변의 온도와 습도를 감지해 우리의 몸을 쾌적한 상태로 유지시켜 준다. 또, 몸 안에 삽입된 스마트 더스트는 우리 몸의 상태를 살펴 질병에 대비하게 해준다. 이밖에도 스마트 더스트는 군사 분야에도 활용될 전망이다. 실제로 미국 방위 고등계획국은 적군의 도발을 감시하고 적군의 생화학 공격에 대비하고자 스마트 더스트에 대한 연구를 진행 중이다.

그런데 스마트 더스트의 진짜 위력은 습득된 정보를 공유하는 데서 나온다. 스마트 더스트가 얻는 정보는 중앙컴퓨터 시스템으로 보내지는데, 중앙컴퓨터 시스템은 이렇게 수집된 정보를 바탕으로 지구 전체를 제어하게 된다. 사방에 뿌려진 작은 먼지가 지구를 하나의 생명체처럼 묶는 역할을 하는 것이다.

그동안 인간이 만들어낸 기계 장치는 입력된 명령에 따라 작동할 뿐이었다. 그런데 이제는 기계 스스로 상황을 판단하고 문제를 처리하는 능력을 갖추기 시작했다. 이러한 기술을 '스마트 기술'이라 하는데, 스마트 더스트도 스마트 기술의 한 예이다.

옥수수로 자동차가 움직인다?

오늘날 인류가 이용하는 에너지의 대부분은 석탄, 석유, 천연가스와 같은 화석 연료로부터 나온다. 그런데 지각에 파묻힌 동식물의 유해가 화석화되면서 만들어진 화석 연료는 얼마 못 가 고갈될 전망이다. 이런 가운데 '바이오 에너지'가 화석 연료를 대체할 새로운 에너지원으로 각광받고 있다.

바이오 에너지란 '바이오매스'를 연료로 하여 얻어지는 에너지다. 바이오매스란 생물을 구성하는 유기물질을 말하는데, 사실 인류는 오래전부터 바이오매스를 연료로 사용해왔다. 나무나 동물의 변을 땔감으로 사용했던 것이 바로 그것이다. 물론 이러한 방법은 매우 초보적인 바이오 에너지 사용의 예이다.

사탕수수나 옥수수, 감자 등 녹말작물에서 포도당을 추출한 뒤 이를 발효시켜, 이 과정에서 발생하는 에탄올을 연료화하는 방법은 오늘날 가장 널리 이용되는 바이오 에너지 추출법이다. 실제로 사탕수수가 풍부한 브라질에서는 바이오 에탄올을 연료첨가제로 사용하는 것이 보편화되었다.

바이오 에탄올과 함께 가장 널리 사용되는 바이오 에너지로는 바이오 디젤이 있다. 바이오 디젤은 식물성 기름을 이용해 얻어지는 바이오 에너지를 아우르는 말이다. 이밖에 동물의 분료나 음식물 쓰레기로부터 가스를 얻거나 심해 화산지역에 있는 초고온성 미생물로부터 수소 에너지를 얻는 등의 방법도 바이오 에너지의 예이다.

이렇게 얻어지는 바이오 에너지는 에너지의 계속적인 생산이 가능하고 연소 과정에서 일산화탄소와 같은 유해물질을 배출하지 않는 장점을 가진다. 그러나 아직까지 바이오 에너지를 완벽한 대체 에너지원으로 삼기에는 미흡한 점도 많다. 비록 유해물질을 방출하진 않지만, 생물을 원료로 하는 탓에 그 생산 과정에서 자연을 훼손할 우려가 있다. 또 농작물을 바이오 에너지로 사용하는 경우, 정작 사람이 먹어야 할 농작물이 부족해질 가능성도 있다. 이밖에 대규모 생산 공장 설비 확충과 바이오매스의 수집과 이동에 막대한 비용이 소요되는 등 아직까지 풀어야 할 숙제는 많다.

복제양 돌리가 일찍 죽은 이유는?

놀고 싶은데 숙제는 많고 학원도 가야 한다면 나와 똑같은 누군가가 나타나 그 일을 대신 해주었으면 하는 생각이 절로 든다. 그런데 복제 기술이 발달하면서 이런 공상이 현실로 다가오고 있다.

생물을 복제하는 방법은 크게 수정란을 분할하는 방법과 체세포의 핵을 이식하는 방법이 있다. 수정란 분할법은 부와 모의 수정에 의해 생성된 수정란이 4세포기 또는 8세포기로 발육되었을 때, 이를 여러 가지 방법으로 분리한 뒤 대리모의 자궁에 착상시키는 방법이다.

그러나 수정란 분할법은 제대로 된 복제 방법으로 인정받지는 못한다. 복제란 어떤 한 개체를 그대로 복제해내야 하는데, 수정란 분할법은 수정란을 분할하여 인위적으로 쌍둥이가 태어나게 하는 방법에 불과하기 때문이다.

이에 반해 체세포 복제법은 다 자란 어른의 체세포에서 핵을 분리한 뒤, 이를 여러 가지 방법으로 처리하여 핵을 제거한 난자와 융합시키는 방법이다. 그리고 이렇게 만들어진 수정란을 대리모의 자궁에 착상하면 체세포를 떼어냈던 어른 생물과 똑같은 유전자로 이뤄진 개체를 얻을 수 있다.

1996년 7월 5일 영국 로슬린 연구소의 이언 윌머트과 키스

캠벨은 6년생 양의 체세포에서 채취한 유전자를 핵이 제거된 다른 암양의 난자와 결합시켰다. 그리고 이를 대리모 자궁에 이식하여 새끼양 돌리를 탄생시켜 세계 최초로 포유동물을 복제하는 데 성공했다.

그런데 체세포 복제법에 의해 태어난 복제 동물은 정상적으로 태어난 개체보다 수명이 짧다. 이는 다 자란 어른의 체세포를 이용해 복제를 한 탓에, 태어나면서 이미 나이를 먹고 늙어가기 때문이다. 실제로 1996년 태어난 복제양 돌리는 2003년에 노화에 다른 폐질환으로 죽었다고 한다. 돌리에게 체세포를 제공한 양의 당시 나이는 6살이었고, 양의 평균수명이 12년 정도이기 때문에 돌리는 6년밖에 살 수 없었던 것이다.

터미네이터는 사이보그가 아니다?

사이보그라 하면 왠지 먼 미래의 이야기만 같다. 그런데 지금도 주위에는 사이보그가 존재한다. 심지어 우리 중에도 사이보그가 있을지 모른다.

'사이보그(Cyborg)'란 생물체를 기반으로 기계 장치가 결합된 형태의 생명체를 말한다. 악당들의 공격으로 죽었다가 기계의 몸을 가지고 다시 태어난 로보캅 역시 사이보그이다. 하지만 로보캅처럼 온몸을 기계로 바꾼 것만을 사이보그라 말하지 않는다. 뇌를 제외한 신체의 일부나 전체를 기계 장치로 대체한 사람이나 동물은 모두 사이보그에 속한다. 따라서 인공 심장을 이식받은 사람은 물론이고, 눈이 나빠 안경이나 렌즈를 착용한 사람도 사이보그라 할 수 있다. 물론 이와 같은 형태의 사이보그는 매우 초보적인 사이보그에 속한다.

미래에는 신체의 일부처럼 자유자재로 작동하는 기계 장치를 장착한 사이보그가 등장할 전망이다. 덕분에 몸이 불편한 사람들은 사이보그 형태로 개조되어 자유롭게 움직이게 될 것이고, 노화된 신체를 기계 장치로 개조하여 생명 연장을 꿈꾸는 사람들도 생겨날 것이다.

물론 아직까지 기계 장치를 신경과 연결하여 완전한 신체의 일부로 만드는 일은 불가능하다. 또, 뇌를 기계로 대체하

는 것은 보다 더 높은 과학 수준을 요하기 때문에, 완벽한 사이보그의 형태가 되더라도 뇌의 상태에 따라 수명이 결정될 가능성이 높다.

생명체를 기반으로 한 사이보그와 반대로 기계를 기반으로 생체 조직의 일부를 이식한 형태의 로봇은 '안드로이드(Android)'라고 부른다. 기계 몸 위에 피부 세포를 덮어 마치 인간처럼 보이도록 한 영화 속 '터미네이터'가 대표적인 예이다.

그리고 함께 거론되는 휴머노이드(Humanoid)는 외모가 인간처럼 생겼다는 뜻이다. 따라서 로봇뿐만 아니라 외계인이나 기타 정체불명의 어떤 것이든, 겉모습이 사람처럼 두 팔, 두 다리가 있다면 휴머노이드 타입이라고 말한다.

나노는 인간을 신의 경지에 이르게 만든다?

휴대용 카세트 플레이어인 '워크맨'이 등장했을 때, 사람들은 거리를 다니며 음악을 들을 수 있다는 사실에 열광했다. 그리고 점점 더 작은 가전제품이 속속 등장하기 시작했는데, 이제는 작은 것을 넘어 나노의 시대로 접어들고 있다.

'난쟁이'를 뜻하는 그리스 어에서 유래된 '나노(nano)'는 지금까지 작은 것을 나타내던 마이크로(micro)보다도 1,000분의 1만큼 더 작은 크기의 단위로, 1나노는 10억분의 1m에 해당한다. 이는 머리카락 1만분의 1이 되는 것인데 원자 3~4개가 들어갈 정도의 크기이다.

이런 나노의 세계를 처음 세상에 알린 사람은 노벨 물리학상 수상자인 리처드 파인먼이다. 파인먼은 머지않아 원자를 하나하나 조합해 물체나 장치를 만들 수 있게 될 것이라 예언했다. 그리고 그로부터 30여 년 후인 1981년, 캘리포니아 IBM 과학자들은 35개 크세논 원자를 니켈 결정체 표면 위에 정렬하여 'IBM'이라는 글자를 만들어내기에 이른다.

그런데 나노 기술은 단순히 작은 것만을 추구하는 기술이 아니다. 나노의 세계에서는 물질의 크기가 작아질수록 강도는 높아지고, 전기적인 성질도 커진다. 또, 크기에 따라 색과 화학적 반응이 달라진다. 이러한 특징을 이용하면 다양한 기술

개발이 가능하다.

우리가 사는 세계는 나노의 단위인 원자로 이루어져 있다. 따라서 나노 기술이 발전하면 신이 생명체를 탄생시킨 것처럼, 원자 단위로 구성된 기계 장치를 만들어낼 수 있다. 그리고 이렇게 만들어진 장치를 이용하여, 몸속의 세포를 관찰해 치료하거나 머나먼 우주로의 여행도 떠날 수 있다.

광선 검은 존재할 수 없다?

우주선, 로봇과 함께 미래를 상징하는 무기는 '레이저'다. 공상 과학 영화에 등장하는 미래의 군인들은 어김없이 레이저 총이나 검을 들고 적과 싸운다.

레이저란 유도 방출에 의해 증폭된 빛을 말한다. 빛을 내는 원자의 양쪽 면에 거울을 놓고 빛이 왔다갔다 하도록 하면 빛이 증폭되는데, 이렇게 증폭된 빛의 일부를 내보낸 것이 바로 레이저다.

레이저는 보통의 빛과 다른 특징을 갖는다. 일반적으로 빛은 옆으로 퍼져 나가는 성질을 가진다. 전등을 켜면 방 전체가 환하게 밝아지는 것이 그 예이다. 그런데 레이저는 퍼지지

않고 한 곳으로 곧장 나아가는 성질을 갖는다. 이러한 레이저의 성질을 이용하여 위성의 위치를 추적하고 먼 곳과의 거리를 구하기도 한다. 실제로 아폴로 11호의 우주인들은 달 표면에 설치한 반사경을 이용해 지구와 달 사이의 거리를 측정한 적이 있다.

이밖에 레이저는 강한 에너지를 방출한다. 이러한 성질을 이용해 다이아몬드와 같은 단단한 물질을 절단하거나 병원에서 환자의 피부를 절개하기도 한다. 또, 레이저는 매우 안정적인 파동을 갖기 때문에 전자회로를 만들거나 정밀한 라식 수술을 할 때 적합하다. 이밖에도 프린터, 광디스크, 플라즈마, 바코드 등 다양한 분야에 활용되고 있다.

그리고 영화에서처럼 레이저를 이용하여 총이나 칼을 만드는 것도 결코 불가능한 것만은 아니다. 하지만 레이저 검을 휘두르며 힘겨루기를 하는 장면은 결코 연출될 수 없다. 빛과 빛은 서로 부딪치지 않고 통과되어버리기 때문이다. 또한 한 번 발사된 레이저는 그 끝을 알 수 없을 정도로 뻗어 나가기 때문에 영화에서처럼 짧은 광선 검은 존재할 수 없다.

빛의 속도로 달리면 미래가 보인다?

밤하늘에 보이는 별들은 수만에서 수십 광년 떨어진 곳에 위치한다. 1광년은 1년 동안 빛의 속도로 달렸을 때의 거리로, 우리가 보는 별들의 모습은 최소 수만 년 전의 모습인 것이다. 따라서 빛보다 빠른 속도로 별을 향해 간다면, 수만 년 전의 별에 도착할 수 있을 것이다. 타임머신은 바로 이런 생각에서 시작되었다.

'타임머신'이라는 용어는 1895년 발표된 H.G.웰스의 공상과학소설 『타임머신』에서 유래되었다. 소설 속에서 주인공은 타임머신을 타고 4차원 공간을 통과해 미래의 황폐화된 인류의 모습을 보고 돌아온다. 물론 소설 속의 이야기에 불과하지만, 아이슈타인의 상대성 이론이 등장하면서 사람들은 타임머신을 꿈꾸기 시작했다.

아이슈타인의 상대성 이론에 따르면 빛에 가까운 속도로 이동하면 시간은 느리게 흐른다고 한다. 따라서 빛의 속도로 지구를 떠났다가 되돌아오면 미래의 지구와 마주할 수 있다. 지구의 시간이 정상적으로 흐른 동안, 빛의 속도로 이동한 사람의 시간은 느리게 흘렀기 때문이다. 그러나 아이슈타인의 주장이 맞는다고 해도, 타임머신을 제작하는 것은 불가능에 가깝다.

빛은 1초에 30만km을 이동한다. 둘레가 약 4만km인 지구를 1초에 7.5바퀴 도는 엄청난 속도다. 물론 이렇게 빠르게 이동할 수 있는 장치는 아직까지 지구상에 존재하지 않는다. 또한 빛의 속도로 이동하면 그 질량이 무한대가 된다고 한다. 따라서 빛의 속도로 이동할 수 있는 장치가 개발되더라도, 그 안에 탄 사람은 무사하기는 힘들다.

몇몇 학자들은 이 세상에 빛보다 빠른 물질이 존재할 수 있다고 믿고 그 이름을 '타키온(tachyon)'이라고 지었다. 타키온은 에너지가 가장 클 때 빛의 속도를 내며 에너지를 잃으면 오히려 그 속도가 빨라진다고 한다. 또, 에너지를 모두 잃었을 때는 무한대에 이른다고 하는데, 만약 타키온이 발견된다면 미래 여행도 결코 불가능한 것만은 아닐 것이다.

엘리베이터를 타고 우주로 간다?

1969년, 아폴로 11호가 달에 착륙하고 닐 암스트롱이 달에 첫 발을 내딛었을 때만 해도, 당장에 우주시대가 열릴 것만 같았다. 그러나 그로부터 40여 년이 흐른 지금까지 우주로 향하는 길은 멀기만 하다. 이렇게 우주 개발이 더딘 이유는, 기술도 기술이지만 우주로 가기 위해서는 너무나 많은 비용이 들기 때문이다.

1889년, 러시아의 과학자 콘스탄틴 치올콥스키는 파리의 만국박람회장에 세워진 에펠탑을 보고 우주에 닿는 높은 탑을 세운다면 좋겠다는 생각을 했었다. 이후 2000년 미국항공우주국 과학자들은 지구에서 바람의 영향이 가장 적은 적도상의 한 지점에 30마일(48.28032km) 높이의 탑을 설치한 뒤, 지상에서 35,800km 떨어진 우주에 떠 있는 정지궤도까지 케이블을 연결하고, 이를 이용해 화물과 관광객을 수송할 계획을 세운 적이 있다. 이 계획을 이른바 '우주엘리베이터 계획'이라 부른다.

만약 우주엘리베이터 계획이 성공한다면, 우주 과학은 급속한 발전을 이룰 전망이다. 비교적 저렴한 비용으로 우주와 지구를 오갈 수 있기 때문이다. 그러나 우주엘리베이터 계획은 현재의 기술로는 불가능하다. 2010년 현재, 인류가 세운

가장 높은 인공 구조물은 아랍에미리트의 부르즈칼리파로 그 높이가 828m에 불과하다. 때문에 50km가량의 탑을 세우는 것은 결코 쉬운 일이 아니다.

또, 탑을 세운다고 해도 탑과 우주 공간을 연결하는 케이블을 만들기도 어렵다. 탑과 우주 공간을 연결하기 위해서는 지름이 나노미터 수준이면서 강도는 철보다 100배 강한 물질이 필요하기 때문이다. 최근 이런 조건에 알맞은 탄소나노튜브가 개발되긴 했지만, 아직까지 그 제조 공정이 까다롭고 가격도 비싸 당장 우주엘리베이터 계획에 적용하기는 무리다. 이밖에 우주엘리베이터를 건설하기 위해서는 막대한 비용이 든다. 또, 지진이나 운석 등에 견딜 방법도 고려되어야 하며 엘리베이터를 작동시킬 방법도 마련되어야 한다.

영원히 사는 생물은 없을까?

일연이 쓴 『삼국유사』에 따르면, 고조선을 세운 단군왕검은 무려 1,500여 년 동안이나 나라를 다스리다 1,908세에 산으로 들어가 신령이 되었다고 한다. 물론 이 기록이 사실일 리는 없다. 사람은 아무리 오래 살아도 120세를 넘기기 힘들기 때문이다. 역사학자들의 말에 따르면, 『삼국유사』에서 말하는 단군은 한 사람을 뜻하는 것이 아니라 단군왕조를 뜻하는 것이라고 한다.

생명체가 영원히 살 수 없는 것은 늙기 때문이다. 우리 몸에서는 오래된 세포는 죽고 세포 분열에 의해 생겨난 새로운 세포가 그 자리를 대신하는 과정이 반복된다. 덕분에 우리 몸은 건강한 상태를 유지하게 된다. 그런데 세포가 분열할 때마다 염색체 끝부분을 감싸고 있는 '텔로미어'라는 유전자 조각도 짧아진다. 그리고 텔로미어의 길이가 일정 단계에 이르면 세포가 분열하는 속도도 늦어지는데, 이것이 바로 노화다. 노

화가 지속되면 생명체는 결국 생을 마감하게 된다.

이처럼 생물이 정해진 수명을 사는 것은 자연의 순리다. 그런데 자연의 순리를 거스르고 영원히 사는 생명체가 있다. 그것은 열대 바다에서 사는 해파리의 일종인 '투리토프시스 누트리큘라'다. 1990년대 이탈리아에서 처음 발견된 것으로 몸길이는 5mm 남짓이다.

알이 병아리가 되고 병아리가 닭이 되는 것처럼, 해파리는 알이 자라 관모양의 폴립 형태가 되고, 다시 오징어 발과 같은 촉수를 드리운 메두사의 형태가 된다. 그리고 수명이 다하면 생을 마감한다. 그런데 누트리큘라는 성체인 메두사의 형태가 되었다가도 환경이 나빠지면 우산 모양의 몸을 뒤집고 촉수와 바깥쪽 세포를 몸 안으로 흡수하면서 폴립 형태로 돌아간다. 인간으로 치면 어른이 되었다가 다시 어린 아이의 몸으로 돌아가는 것이다. 이런 덕분에 누트리큘라는 포식자의 먹이가 되거나 병에 걸리지 않는 한 죽지 않고 영원히 살 수 있다고 한다.

오늘날 과학자들은 누트리큘라의 역분화 원리를 응용해 불로장생의 꿈을 실현시키고자 한다. 그것은 바로 줄기세포 기술이다. 줄기세포란 아직 분화되지 않은 세포로 모든 세포의 재료가 되는 것이다. 만약 성체 세포를 줄기세포로 되돌리는 기술이 실현된다면, 우리 인간도 누트리큘라처럼 영원히 살 수 있는 날이 올 것이다.

최면으로 정말 전생을 체험할 수 있을까?

우리는 이따금 다음 생에는 지금보다 더 멋진 모습으로 태어날 것이라 기대하곤 한다. 마찬가지로 전생이 있다고도 믿는데, 몇 년 전에는 최면을 통해 전생을 체험하는 것이 유행하기도 했다.

최면은 암시에서부터 시작된다. 가령 어떤 신호를 주면 그 때부터 최면술사의 말에 따르게 될 것이라 암시를 주고, 시계추나 속삭임으로 상대의 정신을 몽롱하게 만든다. 그리고 암시한 대로 신호를 주면 상대는 무의식의 상태에서 최면술사의 말을 따르게 되는데, 양파를 주면서 사과라고 하면 정말 사과인 것처럼 먹게 되고 최면술사가 시키는 대로 춤을 추거나 비밀 이야기를 하기도 한다.

이런 원리에 따라 최면은 다양한 분야에 응용된다. 의사는 최면으로 마음의 상처가 있는 환자의 내면으로 들어가 그 원인을 찾고 치료에 응용한다. 또, 수사관들은 목격자로부터 사건 현장을 더욱 자세히 기억하게 만든다.

그런데 최면을 통해 기억해낸 사실이 반드시 사실인 것은 아니다. 우리의 뇌는 컴퓨터 하드디스크와 같이 사실만을 기록하지 않는다. 우리의 뇌는 간절한 바라는 것을 현실과 혼동해 기억하거나, 좋았거나 나빴던 기억을 과장하기도 한다. 꿈도 바로 이렇게 뇌가 만들어낸 정보를 보게 되는 것이다. 따라서 최면에 걸린 사람은 없는 사실을 사실인 것처럼 기억해 내기도 한다.

전생 체험도 마찬가지다. 최면에 걸린 사람은 최면술사에 의해 존재하지도 않는 전생을 떠올리도록 강요받고 대신 그동안 존경했던 인물의 이야기나 영화 속의 이야기를 마치 자신의 전생인 것처럼 말하게 되는 것이다.

그런데 최면에 걸리려면 최면술사의 말을 믿고 따라야 한다. 때문에 자기 주장이 강하거나 최면을 믿지 않는 사람은 최면에 잘 걸리지 않는다. 또한 최면에 걸렸더라도 정말 싫어하는 일이나 자기에게 해가 되는 지시는 잘 따르지 않게 된다. 이는 꿈속에서도 하기 싫은 일은 잘 하지 않는 것과 마찬가지 이치다.

일러스트 박유진

1973년 출생. 대학에서 미술학부 동양화를 전공했습니다. 『나를 바꾸는 1%의 비밀』 『재미있는 경제 동화』에 그림을 그렸고, MBC와 EBS의 다큐 영상 그림, '시월에 눈 내리는 마을' '언니네 이발관' 등의 콘서트 영상 그림과 무대를 디자인했습니다. 현재는 디자인 스튜디오 유잠의 수석 디자이너로 활발한 활동 중입니다.

세상에서 가장 재미있는 과학지도

1판 1쇄 2013년 4월 25일
6쇄 2016년 4월 30일

지 은 이 배정진

발 행 인 주정관
발 행 처 북스토리(주)
주 소 경기도 부천시 원미구 길주로 1 한국만화영상진흥원 311호
대표전화 032-325-5281
팩시밀리 032-323-5283
출판등록 1999년 8월 18일 (제22-1610호)
홈페이지 www.ebookstory.co.kr
이 메 일 bookstory@naver.com

ISBN 978-89-93480-96-2 04400
978-89-93480-01-6 (세트)

※잘못된 책은 바꾸어드립니다.

이 도서의 국립중앙도서관 출판시도서목록(CIP)은 e-CIP 홈페이지
(http://www.nl.go.kr/ecip)에서 이용하실 수 있습니다.
(CIP제어번호 : CIP2013003476)